Pictorial Book of Herb Tea

からだに効く
ハーブティー図鑑

監修＝**板倉弘重**（医学博士）

ハーブティーとともに過ごす、
大切なティータイム ……… 005

What are herbs?
そもそもハーブとは？　ハーブティーとは？ ……………… 006

Herb history
ハーブティーの歴史 ………………………………………… 010

Health & Beauty
ハーブティーでもっと健康に美しく ………………………… 012

Herbal life
ハーブのある生活 …………………………………………… 014

ハーブティーの基礎知識 ……… 017

暮らしの中に生かしたい代表的なハーブたち ……………… 018
ハーブティーの効能一覧 …………………………………… 024
ブレンドの基礎知識 ………………………………………… 030

ハーブティーカタログ　Vol.1 ……… 031

エルダーフラワー ……………… 032	マロウ ……………………… 058
オレンジピール ………………… 034	ユーカリ …………………… 060
ジャーマンカモミール ………… 036	ラズベリーリーフ ………… 062
スペアミント …………………… 038	ラベンダー ………………… 064
セージ …………………………… 040	リンデン …………………… 068
ダンディライオン ……………… 042	レモングラス ……………… 070
ネトル …………………………… 044	レモンバーベナ …………… 072
ハイビスカス …………………… 046	レモンバーム ……………… 074
パッションフラワー …………… 048	ローズレッド ……………… 076
フェンネル ……………………… 050	ローズヒップ ……………… 078
ペパーミント …………………… 052	ローズマリー ……………… 080
マジョラム ……………………… 054	ワイルドストロベリー …… 082
マリーゴールド ………………… 056	

CONTENTS 目次

ハーブティーカタログ Vol.2 ……… 087

- エキナセア ……………………… 088
- タイム …………………………… 090
- バジル …………………………… 092
- ヤロウ …………………………… 094
- リコリス ………………………… 096
- セントジョーンズワート ……… 098
- アイブライト …………………… 099
- オレガノ ………………………… 100
- シベリアンジンセング ………… 101
- スイートクローバー …………… 102
- ジュニパーベリー ……………… 103
- ソーパルメット ………………… 104
- バードック ……………………… 105
- チェストツリー ………………… 106
- アンゼリカ ……………………… 107
- アルファルファ ………………… 108
- エルキャンペーン ……………… 109
- カルダモン ……………………… 110
- キャラウェイ …………………… 112
- クローブ ………………………… 113
- シナモン ………………………… 114
- ジンジャー ……………………… 116
- スタ アニス ……………………… 117
- サマーセボリー ………………… 118
- セルピルム ……………………… 122
- マテ ……………………………… 123
- マレイン ………………………… 124
- ギムネマ ………………………… 125
- ホップ …………………………… 126
- パパイヤリーフ ………………… 127
- バーベリー ……………………… 128
- チコリ …………………………… 129
- フィーバーフュー ……………… 130
- オートムギ ……………………… 131
- ビルベリー ……………………… 132
- スカルキャップ ………………… 133
- ヒソップ ………………………… 134
- ワームウッド …………………… 136
- セロリシード …………………… 137
- バレリアン ……………………… 138
- ゴツコーラ ……………………… 140
- ディル …………………………… 141
- レッドクローバー ……………… 142
- ブルーバーベイン ……………… 143
- チリ ……………………………… 144
- ギンコウ ………………………… 145
- ウバ ……………………………… 146
- キャットニップ ………………… 147
- イエロードック ………………… 148
- チャイブ ………………………… 149
- ワイルドチェリー ……………… 150
- ワイルドヤム …………………… 151
- エリカ …………………………… 152
- ボリジ …………………………… 153

CONTENTS 目次

ハーブティーカタログ　Vol.3 ……… 154

ホーソーン、ブラックコホシュ、イブニングプリムローズ …………………… 154
コンフリー、ジャスミン、メドウスイート、フェヌグリーク …………………… 155
アニスシード、ゴールデンシール、レディスマントル ………………………… 156
ミルクシスル、オリーブ、ペニーロイヤル ……………………………………… 157
コーンフラワー、サフラワー、ホーステール …………………………………… 158
コリアンダー、チャービル、タラゴン …………………………………………… 159

column
　知っておきたい主要ハーブ25種類 …………………………………… 066
　ハーブガーデンに出かけてみましょう ………………………………… 119
　和とアジアのハーブについて …………………………………………… 160

ハーブティーのいれ方 ………………………………………………………… 084
効果バツグン！ ハーブティーのブレンドレシピ ……………………………… 162
ハーブティーの活用法 ………………………………………………………… 168
ハーブティーのための小道具 ………………………………………………… 170
ショップ＆ガーデンリスト ……………………………………………………… 172
ハーブ索引 ……………………………………………………………………… 174

ハーブティーと
ともに過ごす
大切なティータイム

忙しい毎日の中で、一息つける貴重な時間、それがティータイムです。
そんな大切な時間に、あなたはどんなお茶を選ぶのでしょうか。
これまでは味や香りの好みだけで、小道具的に選んでいた一杯のお茶を
少し見直してみませんか。そこでおすすめしたいのがハーブティーです。
欧米では医療に用いられているほど、薬効のあるものもあり、
ほんとうに「心を癒す」効果もあるのです。本書は、そんなハーブについて
正しく知って、もっと豊かなティータイムを過ごす提案をする一冊です。

そもそも
「ハーブ」とは？
「ハーブティー」とは？

　最近スーパーやデパートなどに、たくさんの種類のフレッシュハーブやハーブティーが並ぶようになりました。もはやポピュラーになりつつありますが、あらためて「ハーブとは？」と聞かれたら、どう答えればよいのでしょうか？

　ハーブ（herb）とは、「薬用または芳香性の高い植物の総称」です。また英語ではおもにその根よりも葉をさす意味合いが強いようです。ハーブは、ヨーロッパで古くから民間医療に用いられた歴史を持っています。言葉の意味合いから考えると、日本の伝統民間薬であったドクダミや柿の葉、料理に香りを添えるミツバなどの和の香草も「ハーブ」の一種とと

What are herbs?

らえることができます。

洋の東西を問わず、化学的に合成された薬ができる前の時代には、植物の持つ力を薬として活用していました。中国の漢方薬、日本の薬草、インドのアーユルヴェーダもその流れを汲むものです。植物は、食用として用いられるほかに、その葉や花、実、根を煮出して、エキスを抽出し、薬とされてきたのです。抽出した液を飲んだり、湿布したり、浴用に用いたりすることで、おもに体を温めたり、冷やしたり、皮膚を清潔にしたり、痛みを鎮静させたり、毒下しをしたりと、実に幅広い薬効があります。

本書で紹介するハーブはおもにヨーロッパやアメリカで古くから効能が知られたもので、お茶にして飲むことでその効果が得られるものです。特にハーブティーの香りや効果をより引き出す、ドライハーブを用いてお茶にしたものを98種類紹介しています。薬効が期待できるとはいえ、ハーブティーは薬とは違い、あくまで植物の特性をおだやかに体にとり入れていくもの。急激な効果を期待するのは見当違いです。ゆったりとした気持ちで、香りを楽しみながら、飲んでいくことが基本です。ただし、誤って用いるとマイナスの効果が出るおそれのあるハーブティーもないわけではありません。本書の薬効に関する記述を参考に、必要な場合には医師に相談しましょう。

毎日の生活の中で、最も手軽にハーブの効用をとり入れるには、お茶にして飲むことです。しかし、ハーブティーを楽しむ場合には、次の2つのことに気を付けましょう。

幅広い薬効のあるハーブ。
ゆったりとした気持ちでとり入れましょう。

What are herbs?

第一に、お茶にしてよい、正しいハーブかどうかをよく確かめること。たとえば、同じセージの仲間でも、いくつもの種類があり、葉の形も特徴も異なります。正しい種類を選択しなければ、期待する効果は得られないことがあります。

第二には、用いる部位を間違えないこと。異なる部位には、毒が含まれている場合もあるので、特に注意が必要です。初心者なら、信頼できるハーブの専門店で、ハーブティー用に売られているドライハーブを、1種類ごとに少量ずつ買うことをおすすめします。お店のスタッフに、効能などを相談してみるとよいでしょう。

ハーブをお茶にして飲む歴史は、欧米の生活の知恵の集大成

　イタリアルネサンスの都として知られるフィレンツェの街角には、今でも13世紀から続くハーブ薬局があります。今から700年以上も前に、修道士たちが庭に薬草となるハーブを植え、そのエッセンスをとり出して人々に与えていたころからの由緒ある薬局なのです。

　また、アンデルセンの童話には、びしょぬれになって帰ってきた男の子にお母さんが、「ニワトコのお茶（エルダーフラワーティー）」を飲ませるくだりがあります。エルダーの体を温める効果が一般的になっていたということを物語る場面です。

アメリカ大陸でも、定住型の先住民族が暮らすニューメキシコなどに行くと、野原に咲くハーブを刈りとって乾燥させている風景に出くわすことがあり、先住民族がハーブを薬にしていたという話をよく耳にします。

このように、欧米では古くからハーブを薬のように用いる伝統があり、それは今でも生きています。たとえていえば、欧米版「おばあちゃんの知恵袋」的なことなのかもしれません。しかし、これらの薬効は、単なる民間療法や言い伝えとしてのみ、今に生かされているのではなく、一部の医療機関で、薬として処方されているハーブや精油もあります。

Health

ハーブティーでもっと健康に美しく

ハーブの含有成分が美容にもよい効果をもたらすと、最近注目を集めています。女性の間で人気が高まったローズヒップには、ビタミンCがレモンの20倍も含まれています。C以外のビタミンも豊富に含んでいるため、美肌効果が高いというわけなのです。このほかにも、鉄分をはじめとするミネラルを豊富に含むハーブもあります。

含有成分の薬効以前に、ハーブの持つやさしい香り、甘い香り、さわやかな香り自体が高ぶった神経をしずめたり、リフレッシュ効果をもたらしてくれます。この香りの持つヒーリング効果を利用してさまざまな症状を緩和させる療法をアロマテラピーと呼び、ヨーロッパではれっきとした医療の一分野として確立されているほどです。

　ハーブティーは、体の中に成分を直接とり入れるものですから、ハーブ選びは慎重に。買うときにも、無農薬のものやワイルド（野生・自生）のものを選ぶことをオススメします。ちなみに本書でとりあげているハーブは、すべてワイルドハーブです。もちろん自分で育てるときにも、農薬は用いないようにしましょう。

　ハーブティーは、フレッシュのハーブを使って作るものとドライハーブを使っていれるものとがあります。見た目の美しさはフレッシュのほうがまさっていますが、薬効を期待するなら断然ドライ。効果の差は3倍近いともいわれます。ハーブティーはいれ方もとっても簡単。紅茶用のティーポットで熱湯を用いてふつうにいれます。

ハーブのある生活

ハーブを庭やベランダで育てている人も少なくないはずです。ただし、ハーブティーに用いるハーブは、種類が限定されているので注意が必要です。たとえば、たくさん種類があるセージの中でも、ティーによいといわれるものは、1〜2種類に限定されています。本書を参考に、学名で種類を確認するなどして、ふさわしいものを育てましょう。使う部位、乾燥のさせ方にも注意を払う必要があります。

先に述べたように、ハーブティーをいれるときには、ドライを用いたほうが効果が大きいのですが、見た目のさわやかさや香りに厚みを出すために、フレッシュと併用しても楽しめます。さらに、濃くいれたハーブティーを冷まして、うがい薬に使ったり、ヘアケアのためのリンスに使ったり、布や糸を自然な色合いに染めたりするのも楽しいものです。

もちろん、生のハーブを料理に用いたり、オイルや

一口にハーブといっても、スパイスとして用いるものや、浴用剤や化粧品に用いるものなど、幅広い用途があります。

Herbal life

ビネガー（酢）に漬け込んでサラダやマリネ用のソースにしたりとハーブの活用法はさまざまです。

　ブレンドのコツもハーブを楽しむための大切な要素。特にミント類やオレンジピール、カモミールなどの香りのよいもの、酸味のあるローズヒップやハイビスカスなどは、味や香りの薄いハーブやクセのあるハーブとブレンドして飲みやすくする役割を担ってくれるので、常備しておくとよいでしょう。

　初心者なら、自分の好みの味を知るために、シングルハーブをいろいろと試してみましょう。好みがわかったら、好きなハーブを中心にブレンドにチャレンジ。本書P32〜83の、日本ハーブ振興協会が主要なハーブに認定しているものを参考に、2〜3種類をブレンドしてみましょう。

フレッシュハーブをベランダで育てて、自分でドライにして保管。そんな手作りハーブティーでおもてなしをしてみるのも楽しい。

Basic Knowledge

ハーブティーの基礎知識

どんなハーブをティータイムに楽しめばよいのかを具体的に知りたい、というときに役立つ解説ページです。NPO法人日本ハーブ振興協会が主要ハーブに認定した25のハーブを中心として、ティータイムに気軽に用いたいおもなハーブの概略を知って、最初に2〜3の種類を試してみましょう。

ティーに用いてよいハーブのこと、効能を中心にしたグループ分け、ブレンドに関する基礎知識など、トライする前にハーブの概略を知って、自分に合うものを選んでいきましょう。たくさんのハーブの種類があることを知ることがレッスンの第一歩です。

暮らしの中に
生かしたい
代表的な
ハーブたち

P.32

ELDER FLOWER
学名：Sambucus nigra
古くから万能薬といわれた、カゼの予防薬

P.34

ORANGE PEEL
学名：Citrus aurantium
まろやかな香りが、ブレンドにも向く

P.36

GERMAN CHAMOMILE
学名：Matricaria recutita
リンゴに似た香りのハーブの代表格

P.38

SPEARMINT
学名：Mentha species
ビギナー向きの清涼感ある味わい

P.40

SAGE
学名：Salvia officinalis
精神の疲れをとり、集中力を高める

P.42

DANDELION
学名：Taraxacum officinale
利尿作用にすぐれ、肝機能の強化も

P.44

NETTLE
学名：Urtica dioica
花粉症に効くやさしい香りのお茶

P.46

HIBISCUS
学名：Hibiscus sabdariffa
疲労回復効果が高く、夏バテ対策に

P.48

PASSIONFLOWER
学名：Passiflora incarnata
不眠や不安感に効く「天然の鎮静剤」

P.50

FENNEL
学名：Foeniculum vulgare
古代女性を魅了したダイエット茶

P.52

PEPPERMINT
学名：Mentha piperita
日本人の好みに合うミントティー

ハーブティーの基礎知識

MARJORAM
学名：Origanum majorana
幸福をもたらすと言い伝えられる

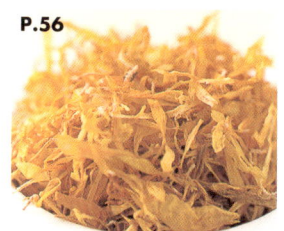
MARIGOLD
学名：Calendula officinalis
カゼのひきはじめによく効く

MALLOW
学名：Malva officinalis
見た目も美しく、のどにやさしい

EUCALYPTUS
学名：Eucalyptus globulus
カゼや花粉症の症状を抑える

RASPBERRY LEAVES
学名：Rubus idaeus
出産や授乳を助けるハーブ

LAVENDER
学名：Lavandula officinalis
華やかな香りで高い人気を誇る

LINDEN
学名：Tilia eurapaea
血圧を下げ、病気予防に役立つ

LEMON GRASS
学名：Cymbopogon citrates
食欲増進や疲労回復に効く

LEMON VERBENA
学名：Aloysia triphylla
心を落ち着けるビギナー向きのお茶

LEMON BALM
学名：Melissa officinalis
飲めば元気が出るさわやかなお茶

ROSE RED
学名：Rose gallica
華やかな香りの中に数々の薬効が

ROSE HIP
学名：Rosa canina
美肌効果バツグン、ビタミンC豊富

ROSEMARY
学名：Rosmarinus officinalis
脳や体を目覚めさせる朝のお茶

WILD STRAWBERRY
学名：Fragaria vesca
飲みやすく、胃腸を整える

ECHINACEA
学名：Echinacea angustifolia
「天然の抗生物質」と呼ばれる

THYME
学名：Thymus vulgaris
殺菌効果でのどの痛みをやわらげる

BASIL
学名：Ocimum basilicum
胃腸の調子を整える効果が高い

YARROW
学名：Achillea millefolium
血液をきれいにし、栄養豊富

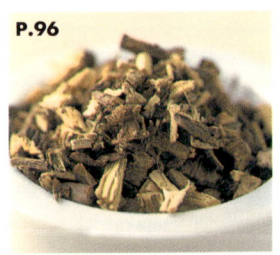
LIQUORICE
学名：Glycyrrhiza globora
甘みとともに体力を補うハーブ

ST. JOHN'S WORT
学名：Hypericum perforatum
寝苦しい熱帯夜も解消する

EYEBRIGHT
学名：Euphrasia rostkoviana
目によく、花粉症にも効果あり

OREGANO
学名：Origanum vulgare
疲れぎみの食後におすすめ

SIBERIAN GINSENG
学名：Eleutherococcus senticosus
宇宙飛行士が体力づくりに使う

SWEET CLOVER
学名：Melilotus officinalis
親しみやすい味で血管を丈夫にする

ハーブティーの基礎知識

P.103

JUNIPER BERRIES
学名：Juniperus communis
余分な水分や毒素を排出する

P.104

SAW PALMETTO
学名：Serenoa serrulata
洋酒の香りがする注目の健康茶

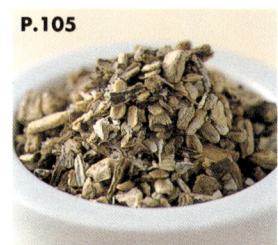

P.105

BURDOCK
学名：Arctium lappa
ゴボウのすぐれた薬効がお茶に

P.106

CHASTE TREE／VITEX
学名：Agnus-castus
女性ホルモンにやさしく働きかける

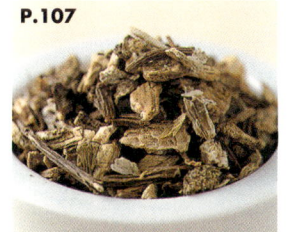

P.107

ANGELICA
学名：Angelica archangelica
根から葉までさまざまな薬効が

P.108

ALFALFA
学名：Medicago sativa
ミネラルが豊富で疲労回復に効く

P.109

ELECAMPANE
学名：Inula helenium
のどの痛みをやさしくやわらげる

P.110

CARDAMON
学名：Elettaria cardamomum
食欲がないときにおすすめ

P.112

CARAWAY
学名：Carum carvi
食欲不振、おなかが張っているときに

P.113

CLOVE
学名：Syzygium aromaticum
吐きけや胃のムカつきをやわらげる

P.114

CINNAMON
学名：Cinnamomum verum
甘い風味が体をじんわりと温める

P.116

GINGER
学名：Zangiber officinale
洋の東西を問わない民間薬の代表

STAR ANISE
学名：Illicium verum
おなかの調子を整えて
キレイに

SUMMER SAVORY
学名：Satureja hortensis
洗練された強い香りで
食後におすすめ

SERPYLLUM
学名：Thymus serpyllum
せきやのど、おなかにも効く

MATE
学名：Ilex paraguarienesis
ダイエットにもよい
南アメリカのお茶

MULLEIN
学名：Verbascum thapsus
呼吸器系に働くので
愛煙家におすすめ

GYMNEMA
学名：Gymnema sylvestris
甘いものが
やめられない人に

HOPS
学名：Humulus lupulus
ビールの材料は
消化不良に効く

PAPAYA LEAVES
学名：Carica papaya
タンパク質を強力に
分解する

BARBERRY
学名：Berberis vulgaris
お酒の飲みすぎが
気になる人に

CHICORY
学名：Cichorium intybus
コーヒーに似た風味で
多くの薬効がある

FEVERFEW
学名：Tanacetum parthenium
(Chrysanthemum parthenium)
解熱作用が強く偏頭痛にも効く

OAT
学名：Avena sativa
栄養価の高さで
再評価される

BILBERRY
学名：Vaccinium myrtillus
視力回復効果が極めて高い

SKULLCAP
学名：Scutellaria lateriflora
神経の疲れを
ほぐしてくれる

HYSSOP
学名：Hyssopus officinalis
殺菌作用が高く、
せき止めにも

WORMWOOD
学名：Artemisia absinthium
独特の苦みが胃腸を
丈夫にする

ハーブティーの基礎知識

P.137
CELERY SEEDS
学名：Apium graveolens
利尿作用と消化促進
効果あり

P.138
VALERIAN
学名：Valeriana officinalis
神経や筋肉の緊張をほぐす

P.140
GOTU KOLA
学名：Centella asiatica
血流をよくし、脳の働きも
活性化する

P.141
DILL
学名：Aniethum graveolens
おだやかな鎮静作用は
幼児にもよい

P.142
RED CLOVER
学名：Trifolium pratense
のどの調子が
よくないときに

P.143
BLUE VERVAIN
学名：Verbena hastata
精神的な疲労を
やわらげてくれる

P.144
CHILI
学名：Capsicum frutescens
(C. minimum)
食欲増進と脂肪分解の効果あり

P.145
GINKGO
学名：Ginkgo biloba
血流をスムーズに
してくれる

P.146
UVA
学名：Arctostaphylos
uva-ursi
利尿作用と殺菌作用が

P.147
CATNIP
学名：Nepeta cataria
薬効が多く、マイルドな
ハッカの風味

P.148
YELLOW DOCK
学名：Rumex crispus
便秘や貧血などの
体質を改善

P.149
CHIVES
学名：Allium
schoenoprasum
貧血予防などの薬効

P.150
WILD CHERRY
学名：Prunus serotina
強い苦みがせき止めに
絶大な効果

P.151
WILD YAM
学名：Dioscorea villosa
「ヤマノイモは精がつく」
は万国共通

P.152
ERICA
学名：Calluna vulgaris
園芸用にも人気、
ミネラルが豊富

ハーブティーの効能一覧

●すごく効果あり　○効果あり

悩み ＼ ハーブ名	アイブライト	アニスシード	アルファルファ	アンゼリカ	イエロードック	イブニングプリムローズ	ウバ	エキナセア	エリカ	エルキャンペーン	エルダーフラワー	オートムギ	オリーブ	オレガノ	オレンジピール
リラックスしたいときに														○	○
安眠効果															○
むくみ				○			○	○							
目覚めをスッキリとさせたい															
集中力を高めたい															○
便秘解消			○		○							○			
生理不順・生理痛などの悩みに				●		○									
食欲不振			○												
体を芯から温めたい															
消化不良ぎみ・胃をスッキリさせたい		○										○		○	○
慢性的肩こりに															
美肌効果バツグン															
大人のニキビ・吹き出物に								○							
疲れやすい・だるい								○	○	○					
カゼをひいたかな、と思ったら	○	○		○				●		○	●				
花粉症の予防に	●							○			○				
アレルギー性皮膚炎などに															
貧血・立ちくらみがある人に				○	○										
二日酔いの朝に					○										
顔や上半身がほてる				○	○										

アイブライト: 目の健康維持に働くハーブ。花粉症などによる目のかゆみに。

アニスシード: 疲れをとり除く効果が高い。

アルファルファ: カルシウム、マグネシウムなどのミネラルが豊富。

アンゼリカ: 漢方薬の「当帰」の仲間。女性特有の病気の症状をやわらげる。

イエロードック: 便秘、貧血などの体質の改善に働く。

イブニングプリムローズ: 月経前症候群を緩和する効果で知られる。

ウバ: 紅茶のウバ茶とは別物。少し苦みのあるおだやかな味わい。

エキナセア: 体の免疫力を高める効果で注目を浴びている。

エリカ: ミネラルが豊富なので強壮効果も高める。

エルキャンペーン: のどの痛みを抑え、免疫力も高める。

エルダーフラワー: エジプト文明のころから万能薬として知られる。

オートムギ: オートミールの栄養価の高さが再評価されている。

オリーブ: 悪玉コレステロールを減らすオリーブオイルの効果が知られる。

オレガノ: 料理にもよく使われるハーブのお茶は食後におすすめ。

オレンジピール: 鎮静効果が高い。ブレンドティー向き。

ハーブティーの効能一覧

	カルダモン	ギムネマ	キャットニップ	キャラウェイ	ギンコウ	クローブ	ゴールデンシール	コーンフラワー	ゴツコーラ	コリアンダー	コンフリー	サフラワー	サマーセボリー	シナモン	シベリアンジンセング	ジャーマンカモミール	ジャスミン	ジュニパーベリー
									○	○		○	○		○	●	○	
														○		●		
																		●
													○				○	
							○											
												○		○		●		
	○			○		○											○	○
													○	○	○			
	○	○		○		●	○	○		○				●		●		●
																		○
														○	○			
			○				○	○						●				
							○											
													○	○			○	

紅茶やコーヒーとも相性がいい。

腸内で糖分の吸収を抑える働きがあり、ダイエット効果が高い。

やわらかなハッカの風味で、飲みやすい。

食欲増進や消化促進の効果がある。

アルツハイマー型痴呆の治療薬として研究が進められている。

西洋では伝統的な芳香剤として知られる。

荒れた粘膜の炎症を抑える効果が強い。

マウスウォッシュとして使えば口内炎を抑える効果も。

原産地のインドではアーユルヴェーダに用いられている。

クセの強い香味で、さまざまな料理に。

外用薬としても骨折や傷の治療に高い効果がある。

古くから女性特有の病気の症状を抑えるハーブとして知られる。

「豆のハーブ」と呼ばれ、豆料理によく使われる。

お菓子などにも使われる独特の風味でブレンドティー向き。

アスリートや宇宙飛行士が体力づくりに使う。

リンゴのような甘い香りで鎮静効果バツグン。

中国茶などで用いられるジャスミンの仲間でブレンドティー向き。

利尿作用と解毒作用が強い。

ハーブ名 / 悩み	ジンジャー	スイートクローバー	スカルキャップ	スターアニス	スペアミント	セージ	セルピルム	セロリシード	セントジョーンズワート	ソーパルメット	タイム	タラゴン	ダンディライオン	チェストツリー	チコリ
リラックスしたいときに			●				○		○						
安眠効果			○						○						
むくみ							○	○				○	●		○
目覚めをスッキリとさせたい											○	○			
集中力を高めたい						○			○		○				
便秘解消					○								○		
生理不順・生理痛などの悩みに		○			○	○	○		●					○	
食欲不振					○				○		○		○		
体を芯から温めたい	○														
消化不良ぎみ・胃をスッキリさせたい	●			○							○		●		
慢性的肩こりに									○						
美肌効果バツグン							○					○			
大人のニキビ・吹き出物に															
疲れやすい・だるい							○				○				
カゼをひいたかな、と思ったら	●			○						○	●				○
花粉症の予防に					○										
アレルギー性皮膚炎などに															
貧血・立ちくらみがある人に							○				○				○
二日酔いの朝に								○							
顔や上半身がほてる						○	○		○				●		

ジンジャー: 日本でもショウガ湯はカゼ薬として古くから飲まれていた。

スイートクローバー: 血流をよくし、血液循環の不調が原因の症状に効く。

スカルキャップ: 鎮静作用が強く、神経を強化する効果も。

スターアニス: 香辛料や漢方薬に用いられる「八角」。消化促進の効果がある。

スペアミント: さわやかな香りで飲みやすく、ミントティーのビギナー向け。

セージ: ストレスを感じるときや、気分を変えたいときに。

セルピルム: タイムの風味をまろやかにしたような味わい。

セロリシード: 生のセロリに似た風味だが、ずっとまろやかで飲みやすい。

セントジョーンズワート: 気持ちを前向きにしてくれる「ハッピーハーブ」。

ソーパルメット: 前立腺肥大への効果が注目されている。

タイム: 消臭・殺菌効果はハーブの中でトップクラス。

タラゴン: 消化促進、食欲増進による強壮効果がある。

ダンディライオン: むくみが気になる人や、血圧が高めの人に。

チェストツリー: 女性特有の病気の症状をやわらげる。

チコリ: コーヒーをマイルドにしたような風味。

ハーブティーの効能一覧

チャービル	チャイブ	チリ	ディル	ネトル	ハイビスカス	バードック	バーベリー	バジル	パッションフラワー	パパイヤリーフ	バレリアン	ヒソップ	ビルベリー	フィーバーフュー	フェヌグリーク	フェンネル	ブラックコホシュ
			○						●		●						○
			○					○	●		●						
				○	○											○	
				○				○									
				○													
				○									○	○			
			○	○								●				○	
○	○	○	○					●		○						●	
			○			○											
	○		○			○					●		●			○	
				●													
				○													
							○									○	

- **チャービル**: 毒素を排出して体内を浄化する働きがある。
- **チャイブ**: アサツキのような風味。食前のお茶に。
- **チリ**: 辛みが強いので、味を調整して。
- **ディル**: おなかがもたれて寝つけないときに。
- **ネトル**: 古くからアレルギー症の治療に用いられてきた。
- **ハイビスカス**: 疲労回復効果バツグン。夏バテ対策にはアイスティーで。
- **バードック**: ゴボウのハーブティー。利尿効果が高い。
- **バーベリー**: 肝機能を高める。お酒の飲みすぎが気になる人に。
- **バジル**: イタリア料理でおなじみのハーブ。胃腸の調子を整える。
- **パッションフラワー**: 「天然の鎮静剤」といわれるほど鎮静効果が強い。
- **パパイヤリーフ**: 人気のトロピカルフルーツ。タンパク質を分解する酵素が豊富。
- **バレリアン**: 強い鎮静効果があり、神経の緊張をやわらげる。
- **ヒソップ**: 気管支系と消化器系に働きかける。
- **ビルベリー**: 視力回復効果が知られ、糖尿病の治療薬としても研究されている。
- **フィーバーフュー**: 解熱効果が高い。血管を拡張する効果も。
- **フェヌグリーク**: 苦みが強いのでブレンドティーで。
- **フェンネル**: 便秘を解消し、ダイエット効果がある。
- **ブラックコホシュ**: 北アメリカの先住民族が鎮痛剤などに愛用。

悩み \ ハーブ名	ブルーバーベイン	ペニーロイヤル	ペパーミント	ホーステール	ホーソーン	ホップ	ボリジ	マジョラム	マテ	マリーゴールド	マレイン	マロウ	ミルクシスル	メドウスイート	ヤロウ
リラックスしたいときに						○			○						
安眠効果	○		○		○			○							
むくみ			○	○										●	
目覚めをスッキリとさせたい															
集中力を高めたい								○							
便秘解消			○					○				○			
生理不順・生理痛などの悩みに		○					○			●			○		○
食欲不振			○				○								○
体を芯から温めたい															○
消化不良ぎみ・胃をスッキリさせたい			●		○	○			○	○			○		
慢性的肩こりに															
美肌効果バツグン								○	○	○					
大人のニキビ・吹き出物に										○					
疲れやすい・だるい							○		○				○		○
カゼをひいたかな、と思ったら			○							○	○				○
花粉症の予防に			○												
アレルギー性皮膚炎などに															
貧血・立ちくらみがある人に						○				○					
二日酔いの朝に															
顔や上半身がほてる			○						○						○

ブルーバーベイン: 鎮静作用があり、神経を強化する働きもある。

ペニーロイヤル: ミントの仲間。さわやかな風味で飲みやすい。

ペパーミント: 飲みやすく、ミント系のハーブの中でも特に薬効が強い。

ホーステール: 皮膚や髪の毛の健康に役立つ。

ホーソーン: 心臓に働きかけ、高血圧と低血圧の両方に効果。

ホップ: ビールの苦みのもとになるハーブで、鎮静効果が高い。

ボリジ: 中世には「勇気が出るハーブ」といわれていた。

マジョラム: 食欲がないときに食前のお茶に。

マテ: 南アメリカで愛飲される栄養豊富なハーブティー。

マリーゴールド: キンセンカの仲間。カゼのひきはじめなどに。

マレイン: のどの痛みや不快感を抑える効果が強い。

マロウ: あざやかな色合いの変化はブレンドティーでも楽しめる。

ミルクシスル: アルコール好きの人におすすめ。

メドウスイート: つぼみはアスピリンの原料になる成分を含む。

ヤロウ: ビタミン、ミネラルが豊富で栄養補給の効果も。

ハーブティーの効能一覧

	ユーカリ	ラズベリーリーフ	ラベンダー	リコリス	リンデン	レッドクローバー	レディスマントル	レモングラス	レモンバーベナ	レモンバーム	ローズヒップ	ローズマリー	ローズレッド	ワームウッド	ワイルドストロベリー	ワイルドチェリー	ワイルドヤム
			●		●			○		●		○	○	○			
			○		○			○		●							
	○			○		○								○			
					○			○									
										○	○	○					
		●	○			○			○	○	○						
								○	○	○							
			○	○	○			○		●				○			
					○												
	○		○	○							○					○	○
	●														○		
	○		○														
													○				
	○							○					○				
				○	○		○										○

ワイルドヤム：滋養強汁効果が強いので、疲れぎみのときに。

ワイルドチェリー：古くからせき止めの特効薬として知られる。

ワイルドストロベリー：胃腸の調子を整える効果が強い。

ワームウッド：胃腸を丈夫にする効果がある。

ローズレッド：ローズの香りが神経に働きかける。

ローズマリー：キリッとした香りが脳を活性化させる。

ローズヒップ：ビタミンを豊富に含み、ビタミンCはレモンの約20倍。

レモンバーム：ミントの一種で鎮静効果が強い。

レモンバーベナ：レモン系のハーブの中ではおだやかな酸味で飲みやすい。

レモングラス：さわやかな香りがブレンドティーに向く。

レディスマントル：アラブ諸国では女性の美と若さを保つハーブといわれる。

レッドクローバー：のどの不快症状を抑える。

リンデン：血圧を下げ、さまざまな病気の予防効果があるとされる。

リコリス：特有の甘みはクセの強いハーブとのブレンドティーに向く。

ラベンダー：華やかな香りが気持ちをしずめてくれる。

ラズベリーリーフ：古くから妊婦の力強い味方として知られる。

ユーカリ：コアラの大好物として知られるハーブは、のどにやさしく働きかける。

ハーブティーの基礎知識

ハーブティーをもっとおいしく楽しむ
ブレンドの基礎知識

第一のポイントは効能タイプを合わせて

　ハーブをブレンドするとき、まず気をつけたいのはそれぞれの持つ効能。ブレンドに使うのは3種類くらいが一般的ですが、本書を参考に、効能のタイプが近いものを選んでブレンドすると効果が相乗されます。たとえば、リラックスさせてくれる効果のあるもの同士をブレンド、水分の排出を助けてくれるものを複数重ねて、という具合です。

味のよくなるハーブを組み合わせて

　味のよくなるハーブといえば、ミント系やローズヒップ、酸味の強いハイビスカス、レモン系のハーブです。効能を考えながら、これらを加えることで、どんなハーブティーでも飲みやすくなるので、ぜひとも常備してください。

香りや色を楽しむために、お茶やジュースにブレンド

　ハーブのブレンドは、ハーブ同士だけでなく、紅茶や中国茶、ジュースなどにもよい相性です。ダイエット効果があるといわれるプーアール茶にローズを加えたお茶などは香港でも人気のブレンドティーですし、紅茶にジャーマンカモミール、オレンジピールなどを加えるのもポピュラーです。

Herb Catalogue

効きめや特徴をきちんと知っておきたい。

ハーブティーカタログ Vol.1

NPO法人日本ハーブ振興協会提唱の「基本のハーブ」は、日本での入手が容易で扱いやすく、効能も幅広い25種類です。これら基本のハーブについて、効能、特徴、エピソードなどをきちんと押さえておきましょう。ハーブティービギナーなら、まずはこの25種類から試してみて、自分のお気に入りや定番ハーブをさがしてみることをおすすめします。効能が大切なことは言うまでもありませんが、ハーブティーは薬ではなく、あくまで楽しんで飲むものですから、この中から、自分好みの味と香りを見つけるようにしてみてください。鉢植えなどで売られているハーブにも同じ仲間のものが数多くありますが、ティーに適しているものが限られている場合があるので、まずは、ハーブティー専門店のドライハーブからトライしましょう。

Herb Catalogue　Vol.1

ELDER FLOWER
エルダーフラワー
さまざまな薬効があり、古くから万能薬ともいわれた

薬効
カゼ、インフルエンザ、花粉症の改善。発汗・保湿作用。緩下剤としても効果がある。

その他の利用法
入浴剤。化粧水。ジャム。お菓子。

＊memo＊
種には毒があるので、生では食べないこと。

　エルダーは、古くからさまざまな薬効があるとされ、広く民間療法に活用されてきました。飲用、外用の両方に使われる万能薬で、その歴史はエジプト文明のころにまでさかのぼるといわれます。病気や悪霊を寄せつけない厄よけの効果があるとも考えられていました。

　エルダーの木は、大きなものはまれに10m近くまで成長します。5～6月ごろに枝からあふれるように咲く花はクリーム色がかった白い色。さわやかな甘い香りは、マスカットに似ています。根から実まですべてに薬効がありますが、リノール酸やフラボノイドが豊富な花を使ったハーブティーは、手軽に楽しめてすぐれた薬効があります。

　最も知られているのが、カゼやインフルエンザの諸症状を緩和する効果です。甘い香りのエルダーフラワーのお茶は、のどの痛みをやわらげ、発汗作用を促します。目の充血やアレルギーなど、花粉症の症状も緩和してくれます。濃くいれたエルダーフラワーのお茶を、うがい薬として使うのも効果的です。

　シングルで飲んでもやさしい味わいが楽しめますが、ブレンドティーにするのもおすすめ。ほかのハーブと組み合わせてもよいし、好みの紅茶に少し加えるだけで、違った風味になります。エルダーフラワーに砂糖を加えて作るコーディアル（砂糖水）は、ヨーロッパでは子ども向けのカゼ予防薬です。

　外用薬としてのエルダーフラワーは炎症を抑える効果があり、抽出液で作った湿布は、しもやけや皮膚炎にも効きめがあります。化粧水として使えば、ニキビや吹き出物を改善する効果があります。

　種には毒があるので、生では食べないこと。ドライハーブなら種でも安全です。

ELDER FLOWER
学名：Sambucus nigra
スイカズラ科・落葉低木
利用部分：花
原産地：ヨーロッパ、西アジア、北アフリカ
栽培：湿地に挿し木してふやす。

Herb Catalogue　Vol.1

オレンジピール
ORANGE PEEL
まろやかな香りが、ブレンドティーにも向く

薬効
鎮静効果。消化促進。利尿・整腸作用。せきの鎮静。

その他の利用法
入浴剤。せき止めのシロップ。

　オレンジピールは干したオレンジの皮のことで、洋菓子などに用いるときとは違い、糖分を加えていません。オレンジには、ビターとスイートの2種類があり、どちらもオレンジピールのお茶にしますが、ビターオレンジのほうが、薬効がすぐれています。
　甘酸っぱさのあるフルーティーな香りのハーブティーは、かすかな苦みがさわやかに感じられます。すぐれた鎮静効果があり、眠れない夜に飲むとぐっすり眠ることができるでしょう。
　オレンジの甘くまろやかな香りはほかのハーブの口当たりをよくしてくれるので、ブレンドティーにも向きます。
　消化促進や胃腸の調子を整える効果があるので、おなかがもたれるときや下痢ぎみのときにおすすめ。ストレスなどでおなかをこわしたりする過敏性腸症候群の症状を抑えるのにも有効です。
　柑橘類の薬効は古くから知られ、最も活用してきたのは中国だといわれます。干したミカンの皮を橘皮（きつひ）と呼び、その中でも時間がたったものを陳皮（ちんぴ）と呼んで漢方薬に用いています。陳皮は古くなったものほど薬効が高いと考えられ、重用されます。効用は、オレンジピールのお茶とよく似ています。
　西洋でも薬用の歴史は古く、16世紀に初めてエッセンシャル・オイルが作られ、イタリアの女王が愛用したという記録もあります。当時は非常に貴重なもので、一般庶民には手の届かないものでした。現代でも、ビターオレンジのエッセンシャル・オイルはネロリ油と呼ばれる高級品で、強い鎮静効果があり、下痢などにもよく効きます。

ORANGE PEEL
学名：Citrus aurantium
ミカン科・常緑高木
利用部分：皮
原産地：アメリカ、アジア
栽培：水はけのよい湿った土地。

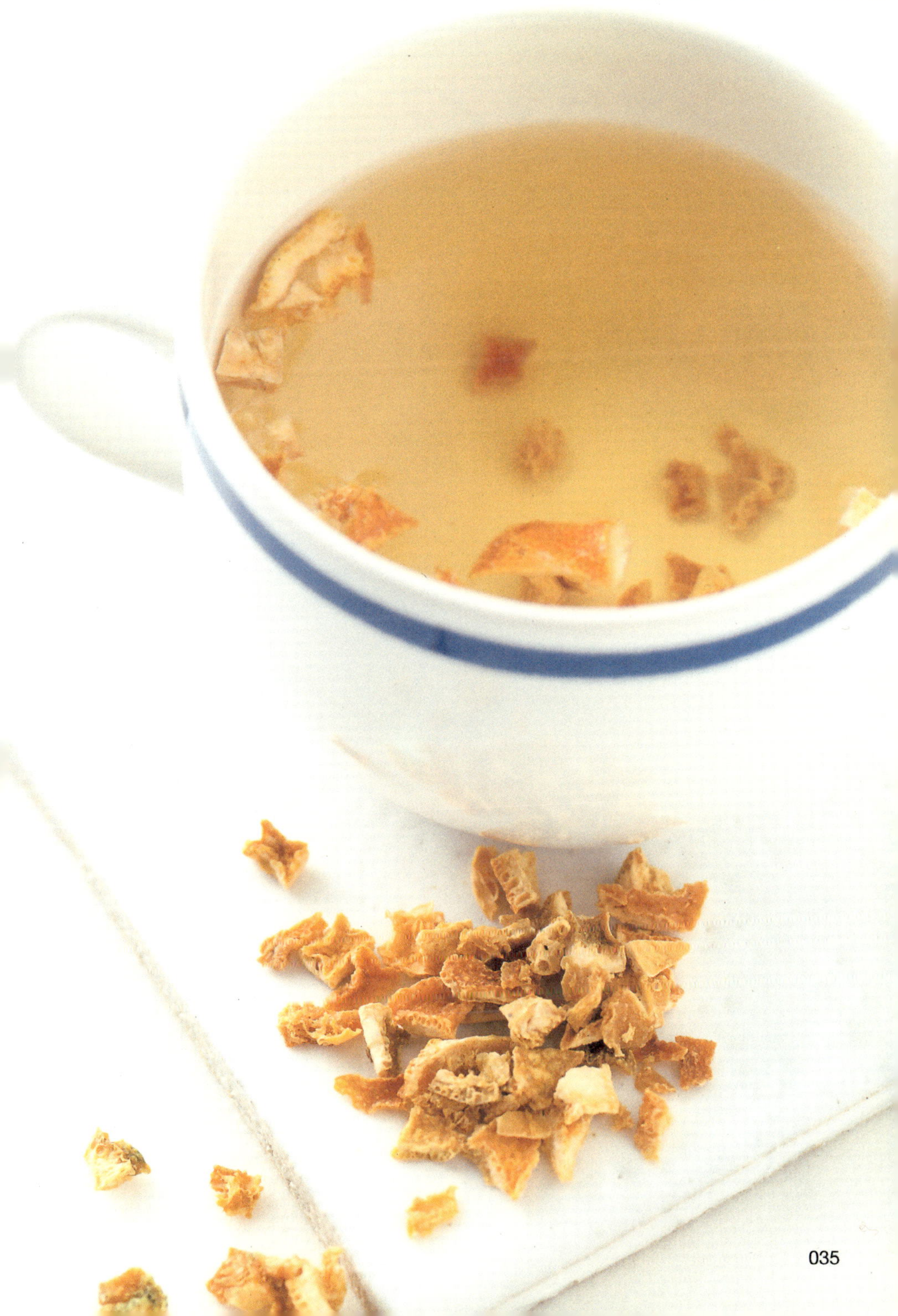

Herb Catalogue　Vol.1

GERMAN CHAMOMILE
ジャーマンカモミール
リンゴに似た甘い香りのハーブティーの代表格

薬効

消化促進。鎮静作用。腹痛や下痢にも効果。カゼやインフルエンザ、アレルギー症状の緩和。消炎・鎮痛・発汗・保湿作用。婦人科系のバランス調整。

その他の利用法

入浴剤。石鹸。化粧水。

memo

妊娠中に多量に飲まないこと。

　カモミールという名前は、「大地のリンゴ」を意味するギリシャ語に由来するといわれます。この名前が示すとおり、甘いリンゴのような香りが特徴です。カモマイル（和名カミツレ）ともいわれます。4月ごろから咲き始める小さな花が、大きくなるにつれて中心の黄色の部分から特有の香りを発するようになります。

　原産地はエジプトで、ヨーロッパに伝わり、ハーブティーとして親しまれてきました。人気を支えてきたのは、フルーティーな味わいに加え、幅広い薬効があるためです。

　ヨーロッパでは、不眠症、神経痛、リウマチなどの治療に、数百年前からジャーマンカモミールが用いられてきました。婦人病の治療薬としての効果も高く、現在でも生理痛などの薬として使われています。

　消化促進の働きや鎮静作用が強いので、食べすぎたときや、リラックスしたいときにピッタリのハーブティーです。就寝前にジャーマンカモミールのお茶を飲むのもよいでしょう。子どもに最適なお茶としても知られます。

　ミルクとの相性がよいので、ミルクティーにして飲むのもおいしく、デザートなどにするのもおすすめです。ただし、子宮収縮作用があるので、妊娠中に多量に飲むのは避けること。

　いくつかの品種があるカモミールの中で、ハーブティーの材料としていちばん一般的なのがジャーマン種です。このほかでは、ローマン種のハーブティーもよく飲まれます。この2種は見た目は似ていますが、ジャーマン種は一年草で、ローマン種は多年草です。どちらもリンゴに似た甘い香りがし、ローマン種のほうが少し苦みがあります。ローマン種は、花だけではなく葉にも香りがある点も違っています。

GERMAN CHAMOMILE
学名：Matricaria recutita
キク科・一年草
利用部分：花
原産地：エジプト
栽培：春にも秋にもまける。アブラムシがつきやすいので注意。

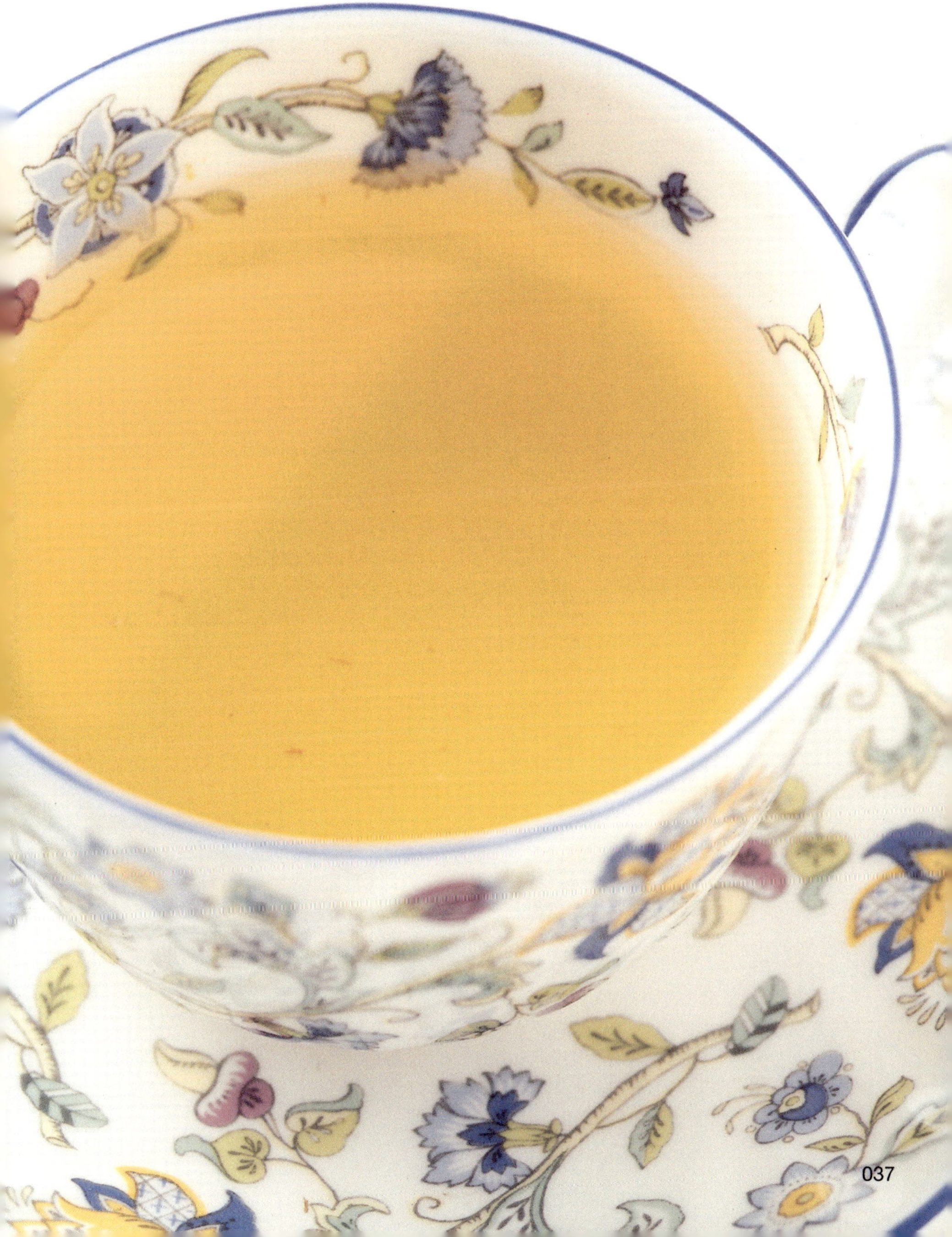

Herb Catalogue Vol.1

SPEARMINT
スペアミント

ミントティーのビギナー向きの清涼感あふれる味わい

薬効
リフレッシュ効果。消化促進。腸内のガスを減らす。眠け覚まし。

その他の利用法
料理。お菓子。入浴剤。

　ミントは交配が簡単なうえに雑種もできやすいので非常にたくさんの種類があり、分類の仕方もまちまちです。広く知られているものだけでも30種類ぐらいあるといわれ、寒さにも強いので、世界じゅうに広く分布しています。どのミントも風味が似ているので、17世紀ぐらいまでは、区別をせずに用いられていたといわれます。

　清涼感あふれる香りや刺激的な味が食欲をかきたてるうえに消化を助ける作用が強いので、肉料理や魚料理のほか、サラダ、デザートなど、幅広い料理に使われます。

　現在、ハーブティーにされるミントはそう多くありません。一般的なのは、このスペアミントと、ペパーミント（P52参照）でしょう。

　スペアミントのお茶は、ペパーミントのお茶にくらべると、香りがおだやかで、まろやかな甘みが感じられます。ホットでもアイスでも飲みやすく、ミントティーのビギナー向きです。生葉を数枚入れてお湯を注ぐだけでも、簡単に風味が楽しめます。レモンバームなどのハーブやミルクと組み合わせてもおいしく、アレンジが簡単なのも魅力です。

　消化促進などの作用はペパーミントのお茶ほどは期待できませんが、飲みやすさで人気があります。リフレッシュ効果は抜群で、眠けを覚ましたいときや、集中力を高めたいときにおすすめです。

　スペアミントという名前は、並んだ花の形が槍（spear）に似ていることからつけられました。葉があざやかな緑色なので、日本ではミドリハッカとも呼ばれます。ローマ人がイギリスに伝えてヨーロッパ全域に広まり、ハーブ全体の中でも最もポピュラーな存在といわれます。

SPEARMINT
学名：Mentha species
シソ科・多年草
利用部分：葉
原産地：アフリカ、アメリカ
栽培：湿りけがある土地。多少日陰でも育つ。

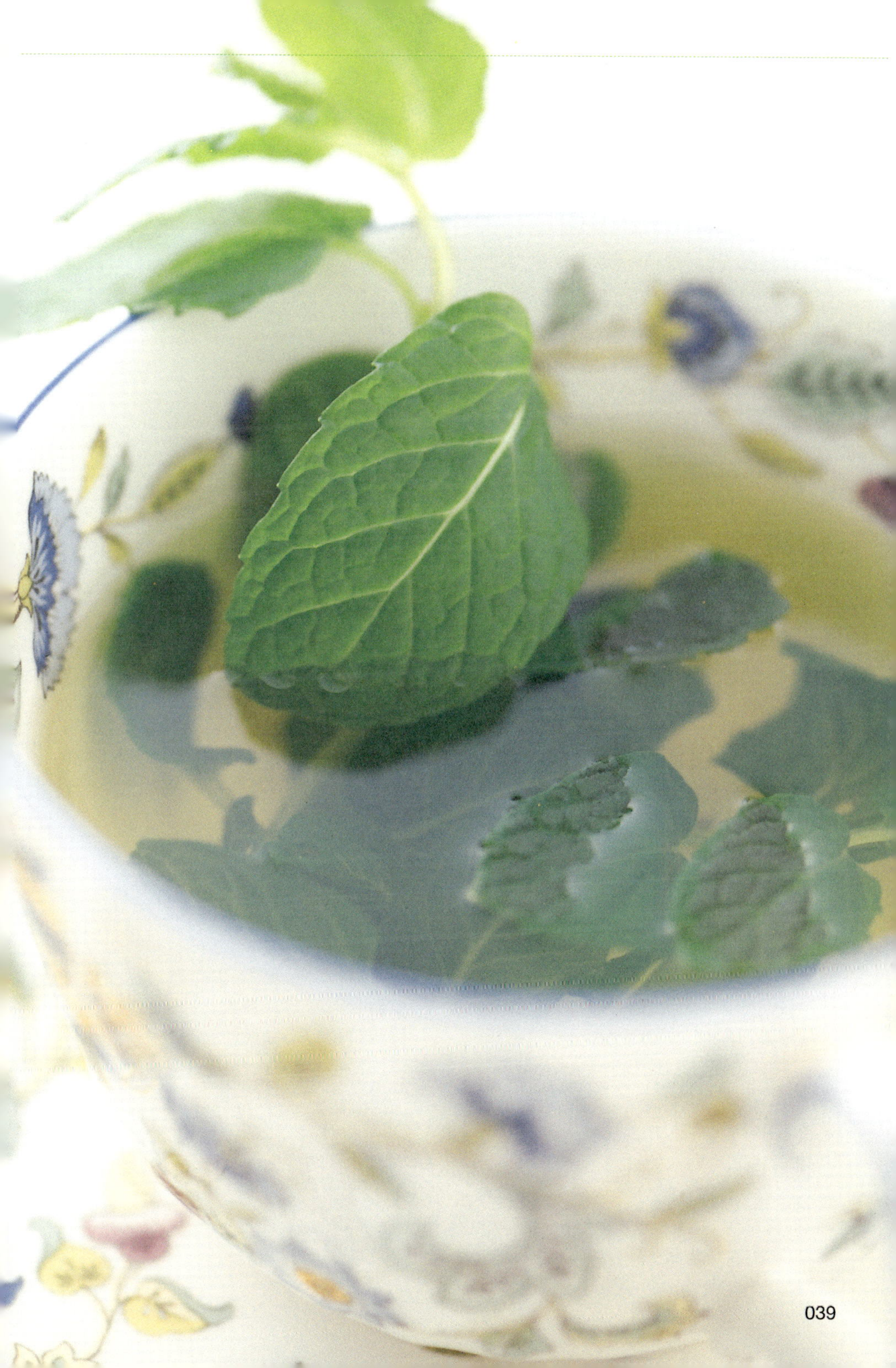

Herb Catalogue　Vol.1

SAGE
セージ
精神の疲れをとり、やる気と集中力を高める

薬効
消化促進。腹痛。腸内ガスを減らす。強壮・殺菌・解熱・浄血作用。生理不順、生理痛の緩和。更年期障害のほてりや発汗の調整。

その他の利用法
香料、ポプリ、入浴剤。

● *memo* ●
妊娠中は飲みすぎないこと。

　セージは、肉のくさみを消すうえに脂肪を分解する効果があるので、肉料理に使われることが多いハーブです。独特の風味も、味のアクセントになります。ソーセージなどに使われるのは、すぐれた殺菌効果もあるからです。

　属名になってる「salvia」が、ラテン語の「salvere（救う）」に由来するといわれることからもうかがえるように、セージの薬効は古くから知られていました。ギリシャ・ローマ時代には、万病の治療に用いられていたという記録も残っています。高い強壮効果があるので、回復期の病人にも用いられました。

　セージの葉は、乾燥させると灰緑色から銀灰色に変わり、独特の香りと苦みが一段と強くなりますが、これをお茶にするとぐんとマイルドな味になります。セージはお茶としても歴史が長く、17世紀にアジアから紅茶が輸入されるまでは、イギリスでも愛飲されていたといわれます。

　セージのお茶は、精神の疲れをとり、やる気と集中力を高める効果もあります。イライラするときや、気持ちがふさぎ込んでいるときにおすすめです。ホルモンの働きを助ける効果もあるので、生理不順や更年期障害の諸症状もやわらげます。消化を促進する効果も高いので、ガスがたまっておなかが張っているときなどにもおすすめです。ただし、妊娠中にはあまり飲みすぎないこと。てんかん発作の引きがねになる成分が含まれている点も、注意が必要です。

　比較的育てやすく、美しい紫色の花が咲くセージは、鑑賞用としても人気があります。変種も多いほか、仲間のサルビア属は数百種もあり、エッセンシャル・オイル、お香、ポプリなど、幅広い用途に使われています。

SAGE
学名：Salvia otticinalls
シソ科・常緑低木
利用部分：葉
原産地：トルコ、地中海沿岸
栽培：挿し木が簡単。丈夫で育てやすい。

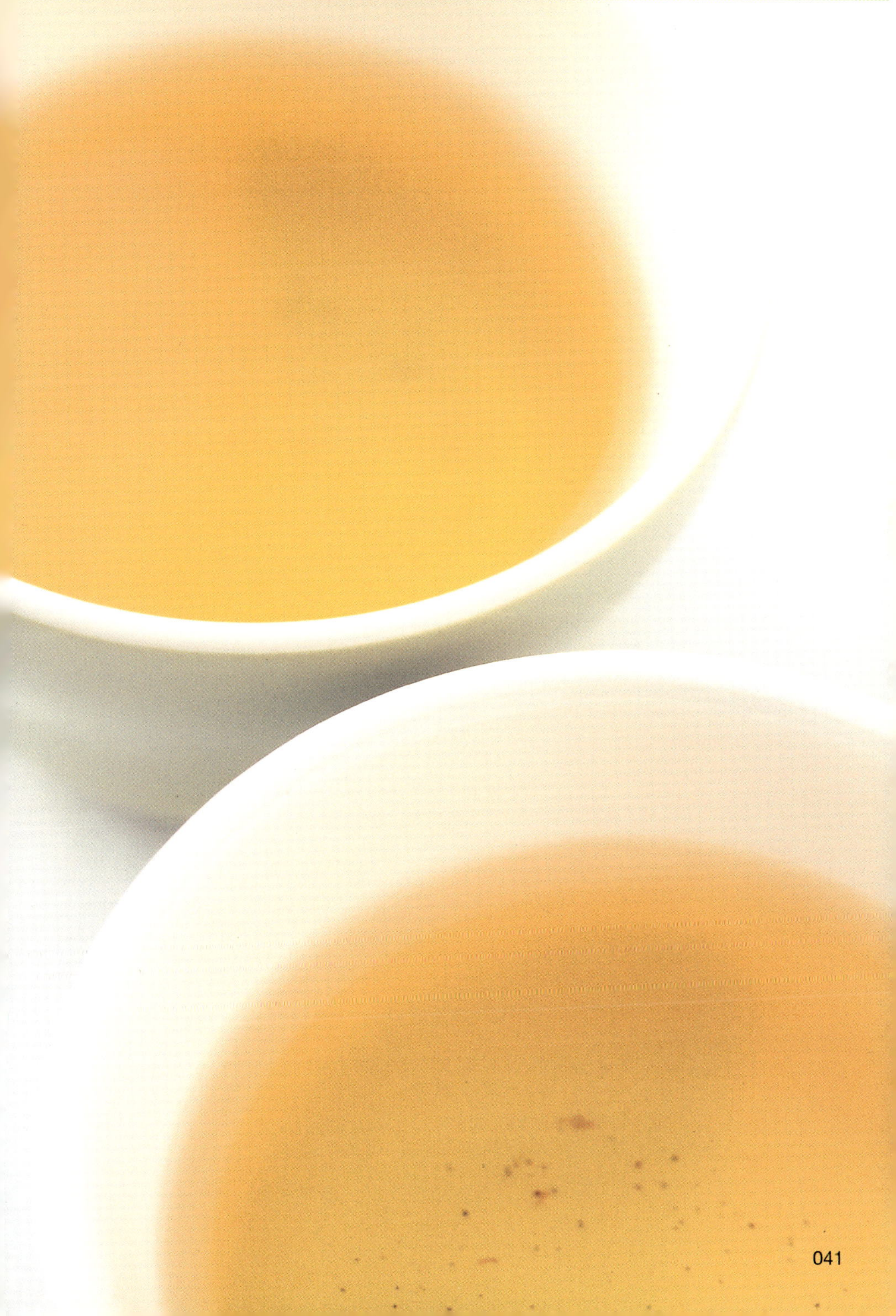

DANDELION
ダンディライオン
利尿作用にすぐれ、肝機能の促進などの効果も

薬効

根＝利尿作用。消炎作用。貧血の予防。黄疸、リウマチの治療。肝機能改善。
葉＝利尿作用。消化器官機能改善。消炎作用。皮膚疾患、泌尿器系疾患の改善。貧血の予防。リウマチ、高血圧の治療。

その他の利用法

食用。入浴剤。染料。

　もともと日本に自生していた在来種のニホンタンポポとは別の種類です。萼の形が違い、帰化種のダンディライオン（セイヨウタンポポ）は、外側の萼がそり返っています。ダンディライオンのほうが繁殖力が強いため、日本の都市部ではニホンタンポポは少なくなってしまいました。

　ダンディライオンのお茶は、葉を使うハーブティーと、炒った根をコーヒーのように飲むタンポポコーヒーの2種類があります。

　薬効は共通している部分が多く、まずどちらも強い利尿作用があります。体内の余分な塩分や水分を排出してくれるので、むくみが気になる人や血圧が高い人におすすめです。一般の利尿剤を使うと尿といっしょにカリウムも排出してしまいますが、ダンディライオンにはカリウムが豊富に含まれているので、心配がありません。

　鉄分が豊富なので、貧血の予防効果もあります。ほかにも多量のビタミンやミネラルを含むので、多くの薬効が期待できます。なかでも、肝臓や胆嚢の機能を高めることは古くから知られていて、黄疸などの治療に用いられてきました。

ビタミンA・Cが豊富な葉のハーブティーは、ニキビや湿疹の治療にも有効です。

■タンポポコーヒーの作り方

①洗ったダンディライオンの根を、先端を除いて5mm程度の厚さに切りそろえる。
②低温のオーブンなどでよく乾燥させる。
③弱火で、淡いコーヒー色になるまで炒る。
④コーヒーミルでひく。
⑤フィルターでこして飲む。

　タンポポコーヒーは、色や味わいはふつうのコーヒーと変わりませんが、ノンカフェインのヘルシー飲料。好みにもよりますが、粉の量は、ふつうのコーヒーより少なめの量を目安にするとよいでしょう。乾燥させた状態で保存し、必要に応じて炒るほうが、風味を楽しめます。

DANDELION
学名：Taraxacum officinale
キク科・多年草
利用部分：根、葉
原産地：ヨーロッパ
栽培：日当たりと水はけのよい場所なら簡単に栽培できる。

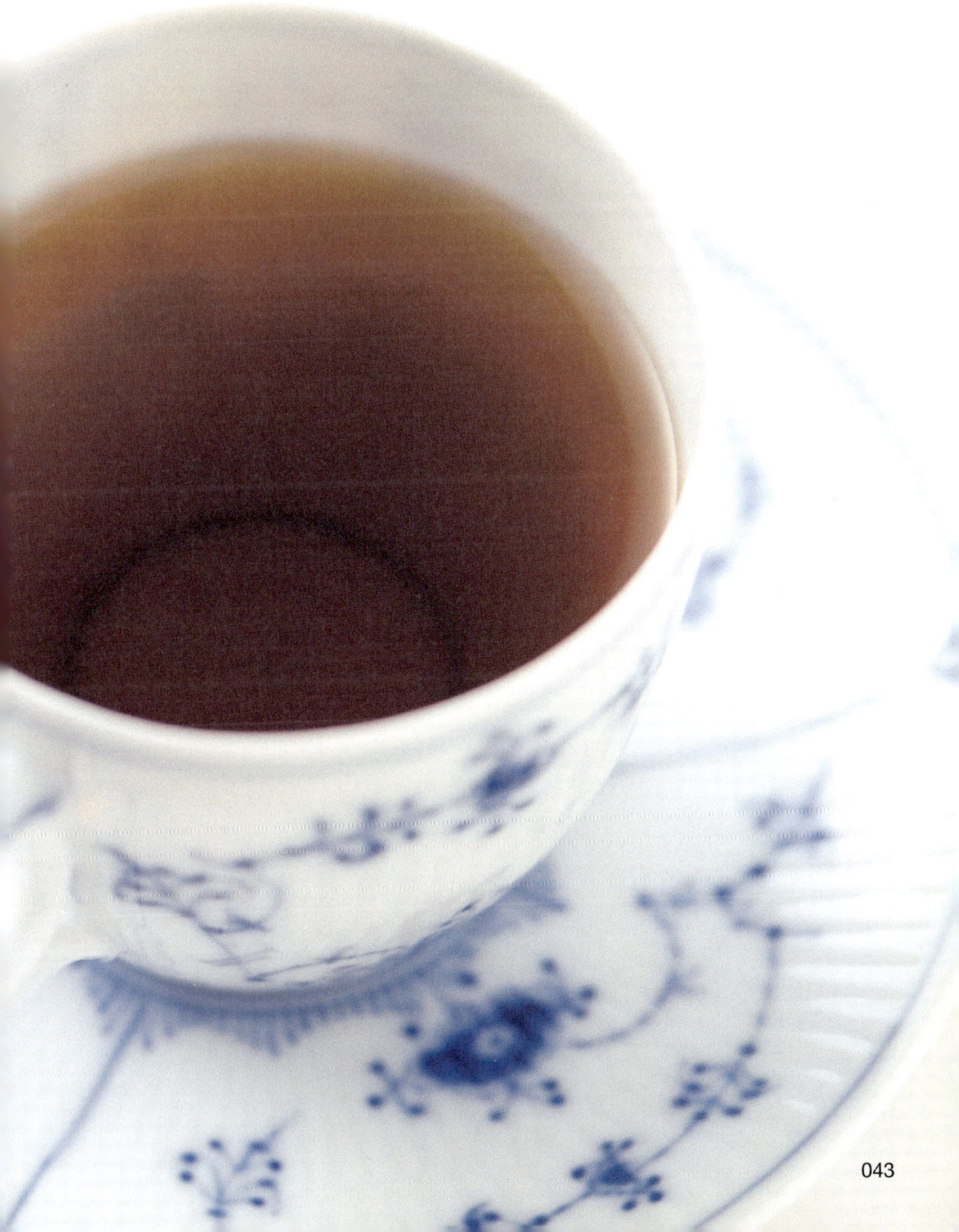

Herb Catalogue　Vol.1

NETTLE
ネトル
花粉症の症状を緩和する、やさしい香りのお茶

薬効

花粉症の諸症状の緩和。貧血の予防。婦人病の治療。関節炎、痛風、湿疹の緩和。利尿・消化・収斂作用。浄血作用。

その他の利用法

抽出液は湿布にも用いられる。

● *memo* ●

トゲにさわらないこと。
生のまま食べないこと。

　セイヨウイラクサの和名を持つネトルは、葉や茎に有毒のヒスタミンを含む鋭いトゲがあります。うっかり素手でさわると激しい痛みが数日間は残ります。生で食べるべきではありませんが、乾燥させたものならトゲがとれているので、こういった心配はありません。

　茎からは、織物の繊維がとれます。アンデルセン童話にもネトルから糸をつむぐシーンが登場するくらいですから、広く活用されていた時代があったのかもしれません。

　どこか懐かしさを感じさせるような草の香りがするネトルのお茶は、ビタミン、ミネラルが豊富なので、多くの薬効があります。特に鉄分を多く含むことが知られ、貧血の予防に高い効果があります。婦人病（カンジダ腟炎など）の治療にも用いられ、月経時の出血量をコントロールする効果もあるといわれます。

　近年は、花粉症の治療薬としても注目されています。古くからアレルギー症の治療に使われていたネトルは、花粉症の諸症状も緩和します。ある機関が、花粉症の人にネトルを服用してもらう研究をしたところ、症状が軽くなった人が6割近くもいました。「花粉症の薬よりも効いた」という人も多かったそうです。鼻づまりや涙目など、花粉症のつらい症状に苦しんでいる人は、試してみてはいかがでしょうか。

　このほか、尿酸をとり除くので、関節炎、痛風、湿疹などにも効きます。血糖値を下げる効能も確認されているので、糖尿病の治療薬としても研究が進められています。

NETTLE
学名：Urtica dioica
イラクサ科・多年草
利用部分：全草
原産地：ヨーロッパ、アジア
栽培：窒素が豊富な土を好む。

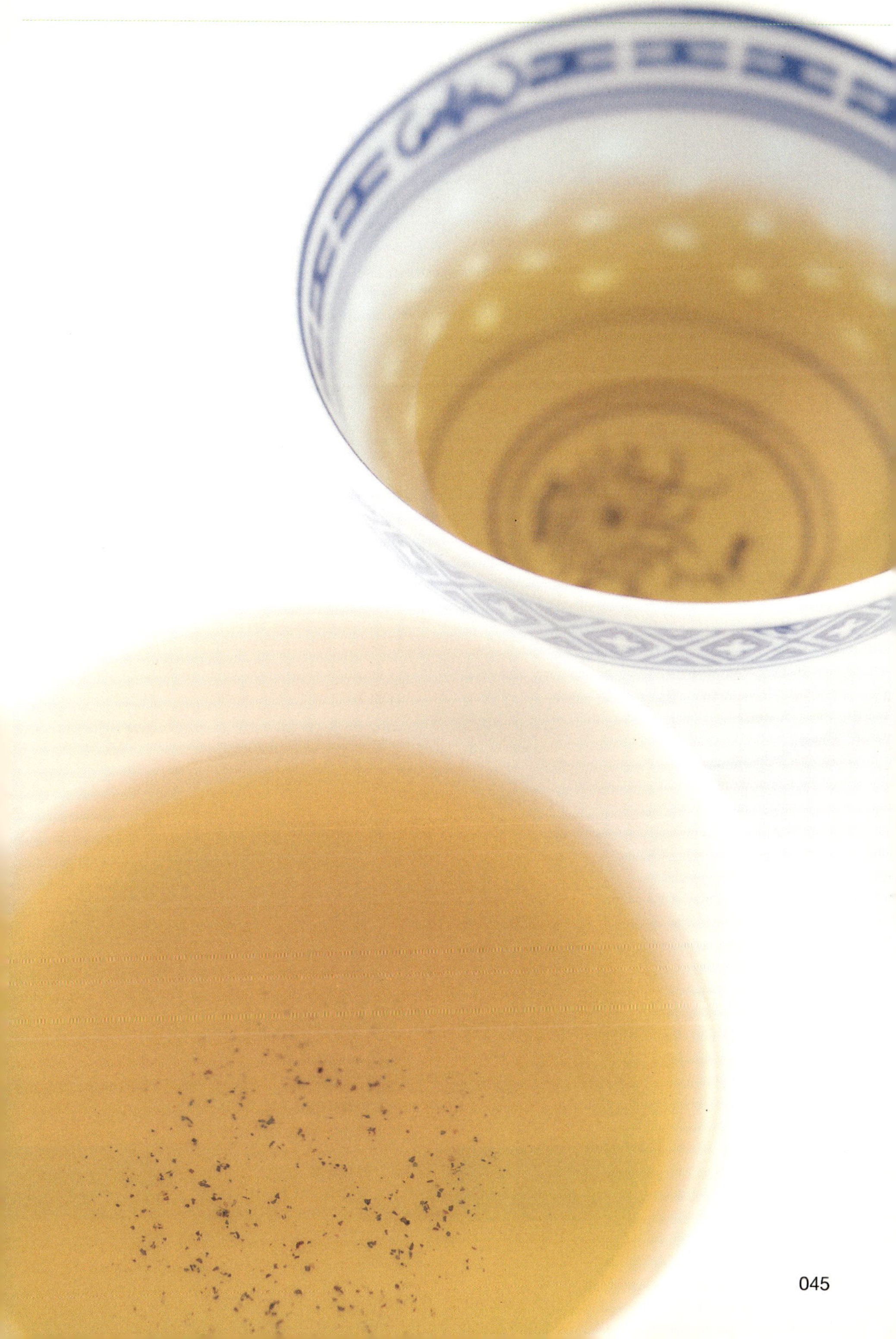

Herb Catalogue　Vol.1

HIBISCUS
ハイビスカス
疲労回復効果が高く、夏バテ対策にぴったり

薬効
利尿作用。疲労回復。眼精疲労の予防と回復。

その他の利用法
料理のソース。デザート。

　ハーブティーに用いられるのは食用のローゼル種の果実といわれていますが、これは正確には果実ではありません。花びらが落ちたあとに、花を保護する萼片がふくらんで果実状になったものです。ちなみに、南国で見かける真っ赤なハイビスカスは鑑賞用のもの。食用のローゼル種の花はこれにくらべると小さく、淡いピンク色のものやクリーム色など、いろいろな色があります。ただし、中央の萼はいずれも濃い赤色です。

　ルビーを思わせるようなハイビスカスのお茶のきれいな赤い色は、産地によって微妙に違います。中国産は紫色に近い暗い赤で、スーダン産は赤みがかったオレンジ色。エジプト産は両者の中間ぐらいの色です。いずれも酸味の強さが特徴で、甘い香りがしますが、甘みはほとんどありません。酸味がきつく感じられるなら、ハチミツを加えるか、ブレンドティーにすると飲みやすくなります。

　酸味の成分は、多量に含まれるクエン酸と酒石酸。梅干しなどにも含まれるクエン酸は、近年そのすぐれた疲労回復効果が注目され、スポーツドリンクに用いるアスリートもふえているそうです。食欲を増進させる効果も期待でき、体のだるさを感じている人や疲労感が強い人でも、元気が出ます。アイスでもさわやかな風味なので、夏場にはアイスティーで飲むと、夏バテ対策にぴったりです。

　このほかに、カリウムが多く含まれているので利尿作用があり、体のむくみや二日酔いに効果があります。お酒を飲みすぎたあとや、翌朝に飲むと症状を楽にしてくれます。眼精疲労の予防と回復に働くのも、うれしい効能です。パソコンを使うことが多くて目の疲れを感じている人は試してみてください。ビタミンCが豊富なので、肌荒れを抑える効果もあります。

HIBISCUS
学名：Hibiscus sabdariffa
アオイ科・一年草
利用部分：萼部
原産地：中国、スーダン、エジプト
栽培：寒さに弱いので家庭での栽培は困難。

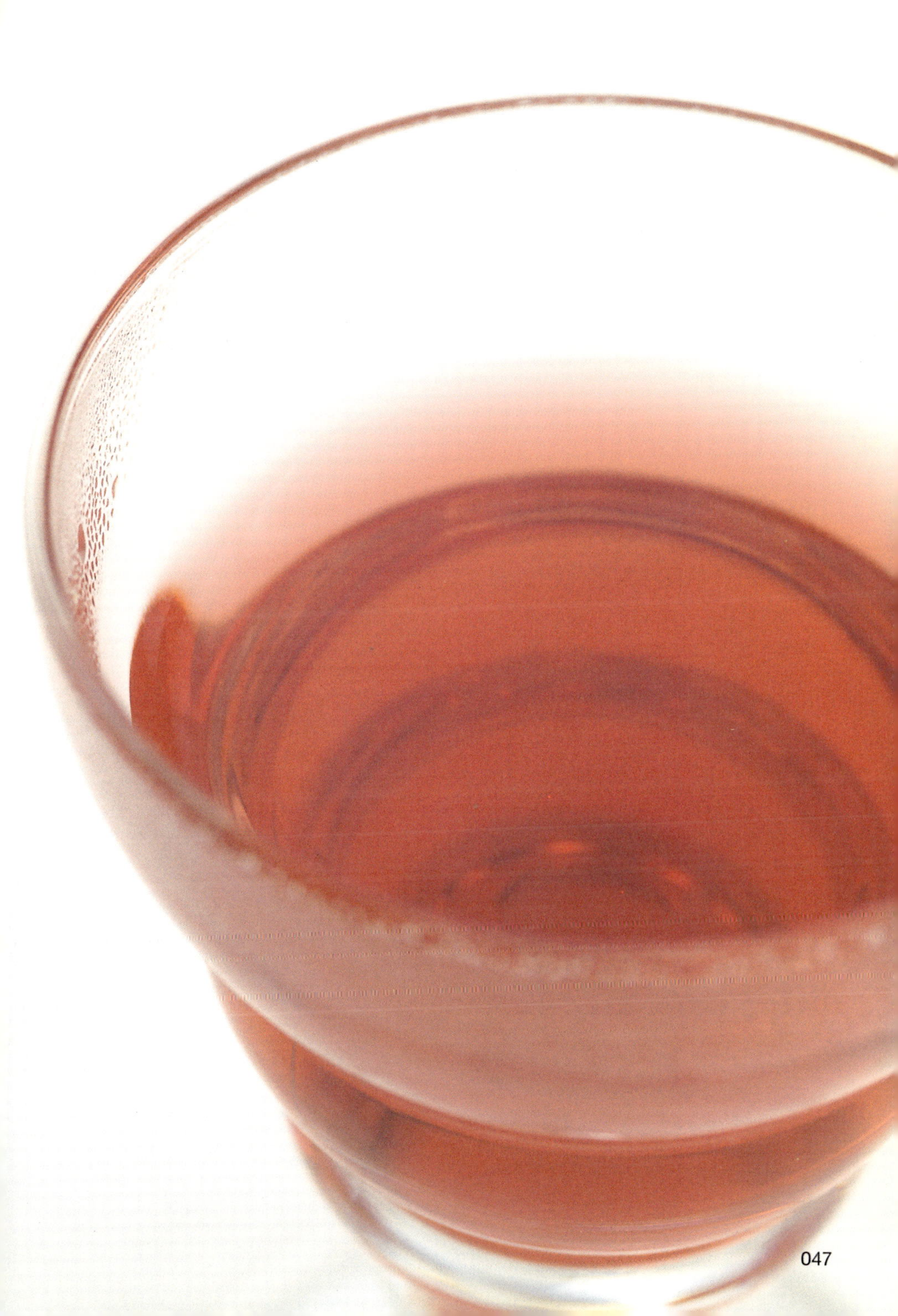

Herb Catalogue　Vol.1

PASSIONFLOWER
パッションフラワー
不眠や不安感に効果的な「天然の鎮静剤」

薬効
鎮静作用。神経性のぜんそく発作、てんかん発作の緩和。

その他の利用法
薬用。ジュース（果実）。

＊memo＊
妊娠中や車を運転するときは服用しないこと。

　パッションフラワーは、花の形が時計の文字盤に見えるところから、トケイソウとも呼ばれます。花の各部が、はりつけの刑にされたキリストの姿を象徴しているとも考えられ、パッション（受難）フラワーの名前がつきました。

　このハーブは、「天然の鎮静剤」といわれるほど強い鎮静作用があり、不眠症に効きます。たいていの不眠症に効きますが、特に有効なのは、神経性の不眠症の場合です。心配事があり、眠いのにいつまでも寝つけないというようなときに、パッションフラワーのお茶はピッタリです。

　極度の緊張によって頭痛や筋肉のこわばりがあるような重症のときにも、効果があります。多少苦みがあるもののクセのないまろやかな風味で、ゆっくり味わうだけでも、心を落ち着かせてくれます。なかなか寝つけないときや、眠りが浅いときにもおすすめのハーブティーです。

　鎮静剤を常用すると、習慣になって薬がないと眠れなくなってしまうことや、うつ状態を誘発することがありますが、パッションフラワーのお茶なら、そういう心配もなく、やすらかな眠りに誘ってくれます。

　不眠症でなくても、不安感や緊張を強く感じるようなときに飲むと、リラックスした気分になれます。動悸を抑え、血圧を下げる効果もあります。体質によっては、眠けを催すことがあるので、車の運転などの予定があるとき、妊娠中は控えるほうがよいでしょう。

PASSIONFLOWER
学名：Passiflora incarnata
トケイソウ科・多年草
利用部分：葉、つる
原産地：アメリカ
栽培：適度に肥沃な土を好む。

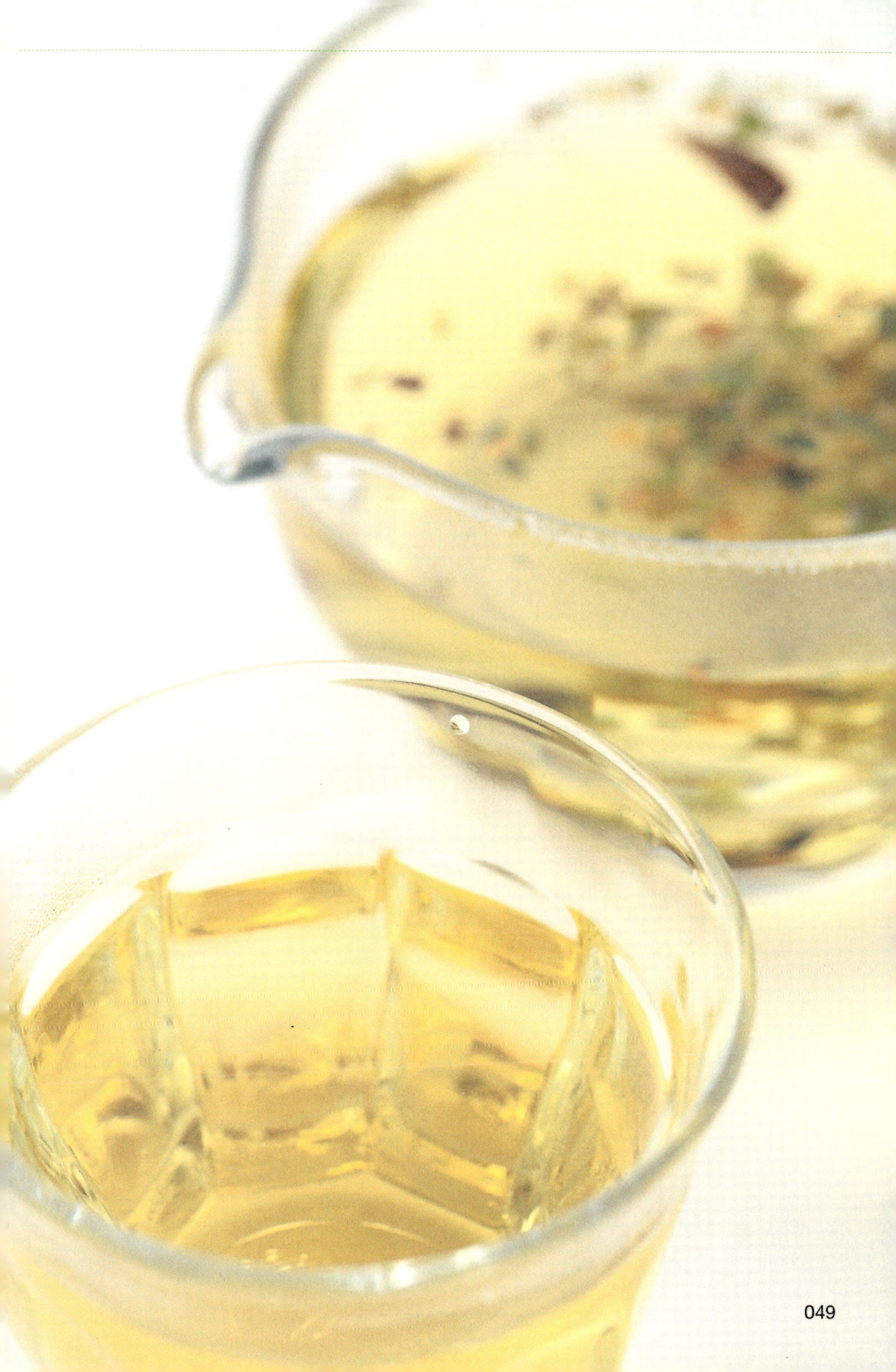

Herb Catalogue Vol.1

FENNEL
フェンネル
古代の女性を魅了したダイエットティー

薬効

便秘の解消。解毒・利尿作用。生理不順、関節痛の緩和。ダイエット効果。消化促進。

その他の利用法

料理。入浴剤。

memo

妊娠中は大量にとらないこと。

　パン、アップルパイ、カレー……　フェンネルはさまざまな料理にスパイスとして使われます。このハーブを料理に使い始めた国といわれるイタリアでは、パンを焼く窯にフェンネルを敷きつめ、風味をつけたりもします。とりわけ相性のよいことが知られるのが魚料理。魚のくさみを消す働きがあることから、いっしょに煮たり焼いたりします。和名はウイキョウで、中国では漢字で「茴香」と書きます。腐りかけた魚肉にまぜるとよい香りが回復することから、「回香」と呼ばれたことに由来するといわれます。

　日当たりさえよければどこでも育つといわれるぐらい丈夫な多年草なので、南ヨーロッパから西アジアにかけて広く分布しています。古くから人々の生活に結びついていて、薬としても長い歴史があります。エジプト時代のパピルスにも、その薬効に関する記述が残っています。

　なかでも注目されていたのは、ダイエット効果。ギリシャ語でフェンネルのことを「マラスロン」といいますが、これは、「やせる」という意味の言葉から派生したといわれます。利尿作用で体内の余分な水分を排出するとともに、便秘を解消しておなかにたまったガスを出す働きがあるためです。フェンネルのお茶は、スパイシーな香りの中にやや甘みがあり、食欲を抑えます。このあたりもダイエット効果に一役買っているのです。

　授乳期に飲むと母乳の出をよくすることでも知られますが、子宮を刺激するといわれるので、妊娠中は大量にとらないこと。

　フェンネルのエッセンシャル・オイルも強い薬効があり、ハチミツといっしょにお湯にとかしたものは、せき止めの薬として使われてきました。関節炎やリウマチの患部に塗ると、炎症をしずめます。フェンネルのお茶を飲んでも、せき止めの効用が期待できます。

FENNEL
学名：Foeniculum vulgare
セリ科・多年草
利用部分：種、実
原産地：エジプト、地中海沿岸
栽培：日当たりと水はけのよいところで。

PEPPERMINT
ペパーミント
日本人の好みに合う、薬効にもすぐれたミントティー

薬効
消化促進。腹痛、胃痛の緩和。胸やけ、吐きけを抑える。

その他の利用法
料理。お菓子。入浴剤。

● *memo*
妊娠中、授乳中は飲みすぎないこと。

ミントには、交配種や雑種が数多くあります。メントールの刺激的な風味が特徴のペパーミントも、もともとはスペアミント（P38参照）とウォーターミントの交配種です。

ペパーミントは特に効果が強いことで知られ、ヨーロッパで薬用にされるのは、ほとんどがペパーミントです。

メントールの含有量だけをくらべると、ニホンハッカに及びませんが、その分ほかの成分を含み、独特の風味や甘みと、すぐれた薬効を生み出していると考えられます。成分が胃壁を刺激し腸内のガスを減らすので消化を促進する強い効果があり、腹痛や胃痛を抑えます。

食べすぎや消化不良による胸やけや吐きけは、ひどくなると偏頭痛を伴うこともあります。そんなときに、おすすめなのがペパーミントのお茶。コーヒーを飲みすぎている人は、かわりにペパーミントのお茶を飲むようにするだけで、胃の調子がよくなることがあります。香りに爽快感があり、口の中をさわやかにしてくれるので、食後にもピッタリです。ヨーロッパではスペアミントのお茶が好まれていますが、日本ではペパーミントティーも人気があります。

ペパーミントのお茶には、このほかに強壮や殺菌の効果もあります。鎮静作用もあるので、せきをしずめ、不眠症状にも効きます。

さまざまな効能があるので、常備薬的な意味合いで用意しておきたいハーブティーです。ただし、妊娠中、授乳中の人は飲みすぎないこと。

PEPPERMINT
学名：Mentha piperita
シソ科・多年草
利用部分：葉
原産地：アメリカほか
栽培：湿りけがある土地。多少日陰でも育つ。

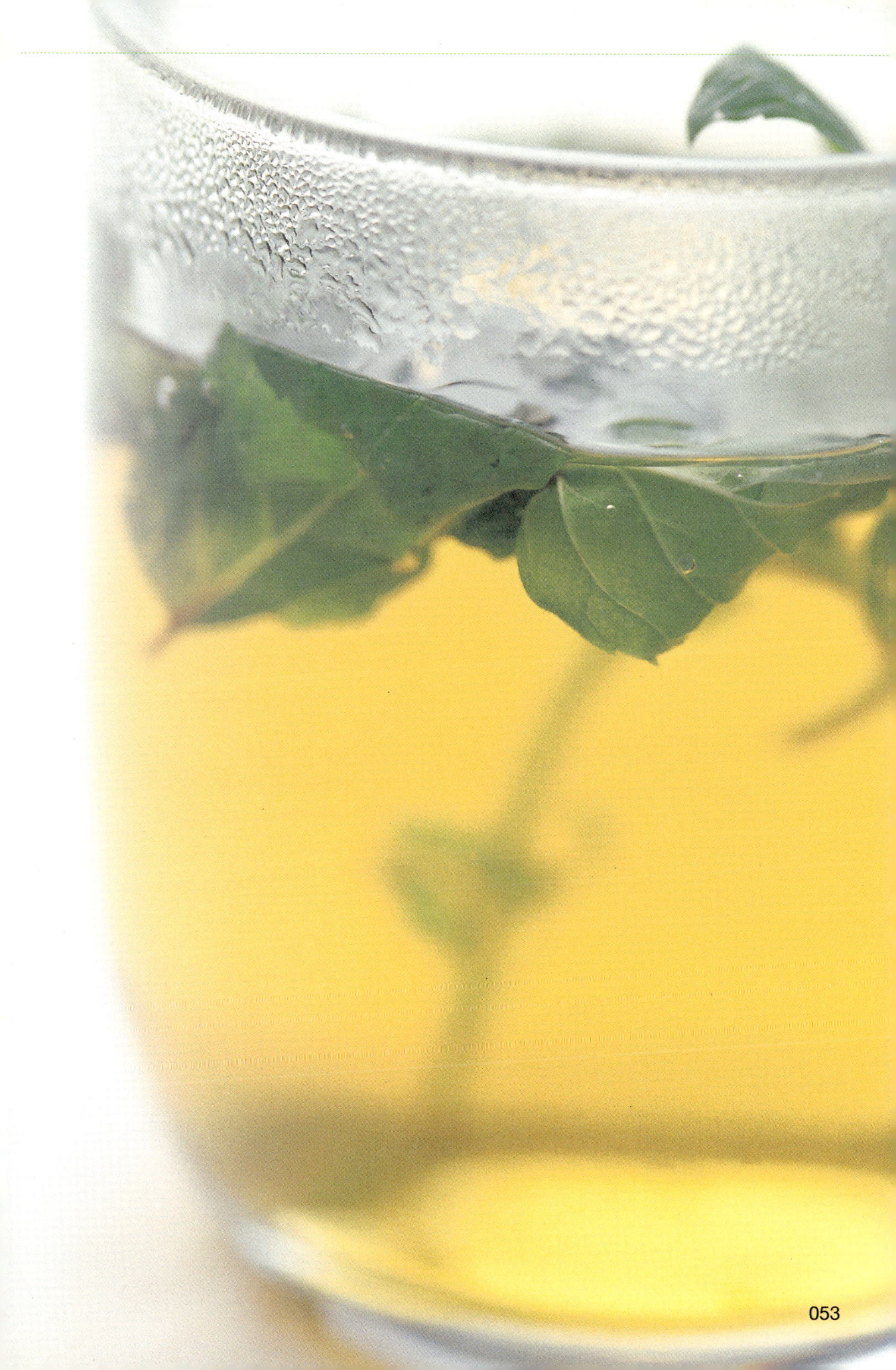

MARJORAM
マジョラム

古くから幸福をもたらすと言い伝えられるハーブ

薬効
消化促進。防腐作用。鎮静作用。カゼ、頭痛の緩和。生理不順。

その他の利用法
料理。ポプリ。入浴剤。

スイートマジョラムとも呼ばれるハーブで、オレガノ（P100参照）などの仲間です。特有の風味はオレガノよりも甘みや香りが強く、タイム（P90参照）にも似ています。

マジョラムは、古代ギリシャ・ローマ時代から食用や薬用に広く活用されてきました。

幸福をもたらすハーブと考えられ、結婚するカップルの頭にマジョラムの花冠をのせて祝ったと言い伝えられます。墓の上にマジョラムが生えると、死者が幸せになるともいわれました。

ホップ（P126参照）が登場する以前に、ビールの醸造に使われたこともあります。香りづけと防腐剤の役割があったそうで、芳香剤や化粧品にも用いられ、家具や床を磨くときに用いられることもありました。

イタリア料理では香りづけによく使われ、ソーセージ、スープ、野菜料理のほか、マトン、臓物類などのクセのある肉料理とも相性がよいようです。リキュールの材料にもなります。

マジョラムのお茶はやや苦みがあり、古くから消化を促進して胃腸の働きを助けるとともに、体内の毒素を排出する効果がある薬と考えられていました。さわやかな風味が食欲を増進させるので、食欲がないときに食前に飲むのもおすすめです。

鎮静作用もあるので、気持ちを落ち着かせ、不眠症状をやわらげます。カゼの諸症状や頭痛を抑える効果もあります。ビタミンAを豊富に含む葉には麻酔作用があり、かむと歯痛がおさまります。

MARJORAM
学名：Origanum majorana
シソ科・多年草
利用部分：葉
原産地：エジプト、地中海沿岸
栽培：日当たりのよい斜面などで。

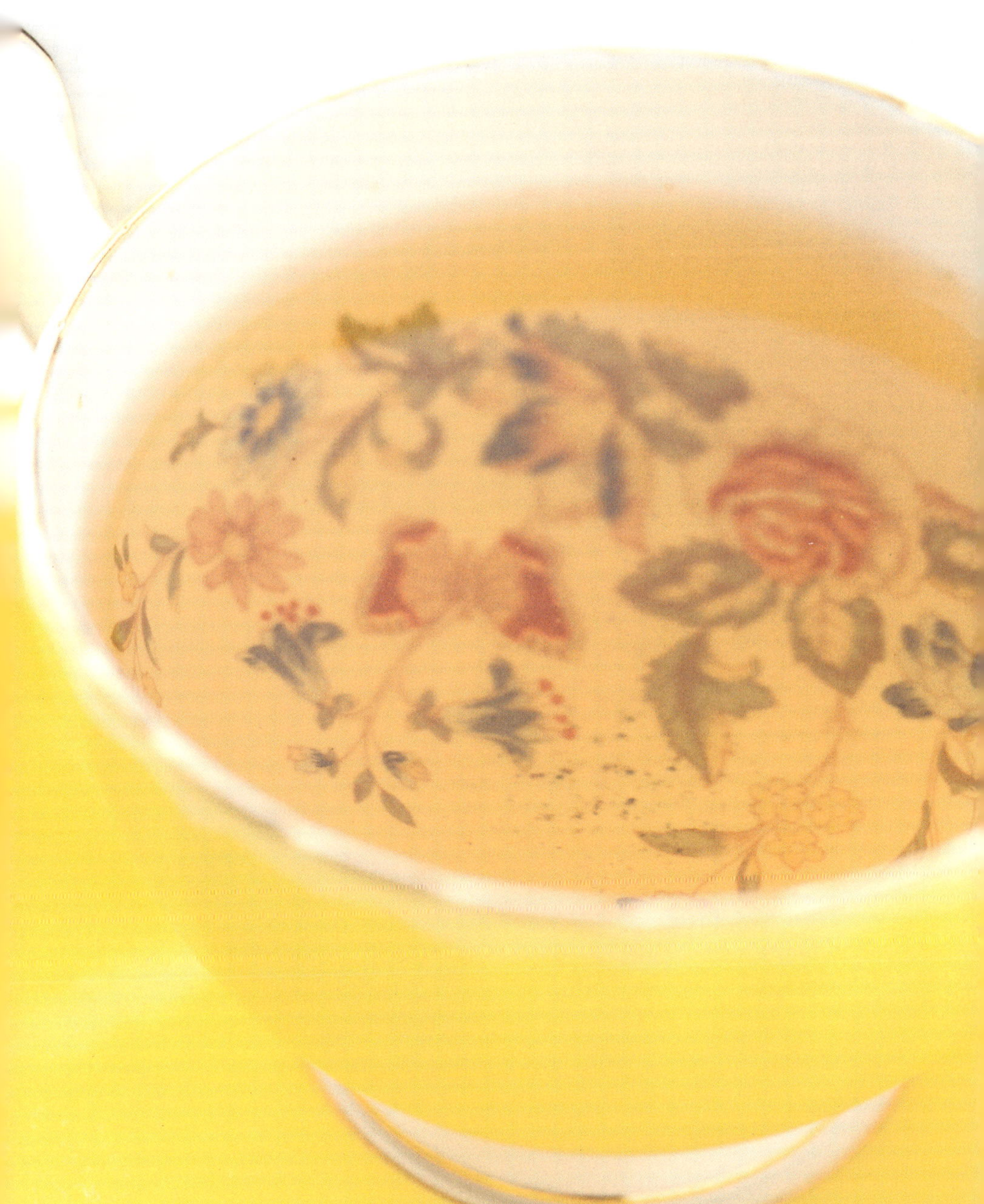

Herb Catalogue　Vol.1

MARIGOLD
マリーゴールド
美しい黄金色のお茶がカゼのひきはじめに効く

薬効

解熱効果。潰瘍の痛み、生理痛の緩和。帯状疱疹、ウイルス性皮膚病にも効果的。肝臓に働きかけてアルコールの分解を助ける。

その他の利用法

料理。外用薬。頭髪料。

マリーゴールドは中東やヨーロッパに多い花ですが、日本のキンセンカと同じ仲間です。どんな土壌でも育つ花なので野山でも見かけることが多く、花が咲いている期間が長いところから、「何カ月も通して」といった意味になるラテン語の「カレンデュラ」が属名になっていて、この名前で呼ばれることも多いようです。

マリーゴールドは、シェークスピアの作品に登場するなど、西欧では古くから親しまれてきました。若葉が食用になり、花は薬用のほか、料理にも使われました。サフランの代用品として米料理などの色づけに使ったり、生のままでサラダやピラフに添えたり、あざやかなオレンジ色が、料理のアクセントになったのでしょう。

マリーゴールドのお茶は花を使います。輝くような美しい黄金色で、少し苦みがありますが、香りはおだやかです。

解熱・発汗作用が強く、カゼのひきはじめで熱があるときに飲むと効果的です。胆汁の分泌を促進する成分も含まれているので、肝臓の働きも助けてくれます。帯状疱疹などの発疹性の皮膚病の症状を緩和する効果もあります。

マリーゴールドが古くから重用されてきたのは、傷に塗る外用薬としてです。やけどや傷口にマリーゴールドのエッセンシャル・オイルを塗ると、痛みをやわらげ、傷の回復も早めることで知られています。マリーゴールドのお茶も、外用薬として使うと肌の炎症を抑えるので、やけどや傷だけでなく、日やけしたときなどのスキンケアに効果的です。薬用のポット・マリーゴールドは、園芸用のフレンチ・マリーゴールドより花が大きく、ハーブティーにして飲むのも薬用のポット・マリーゴールドのほうです。

MARIGOLD
学名：Calendula officinalis
キク科・一年草
利用部分：花、花弁
原産地：エジプト、南ヨーロッパ
栽培：日当たりのよい土地。

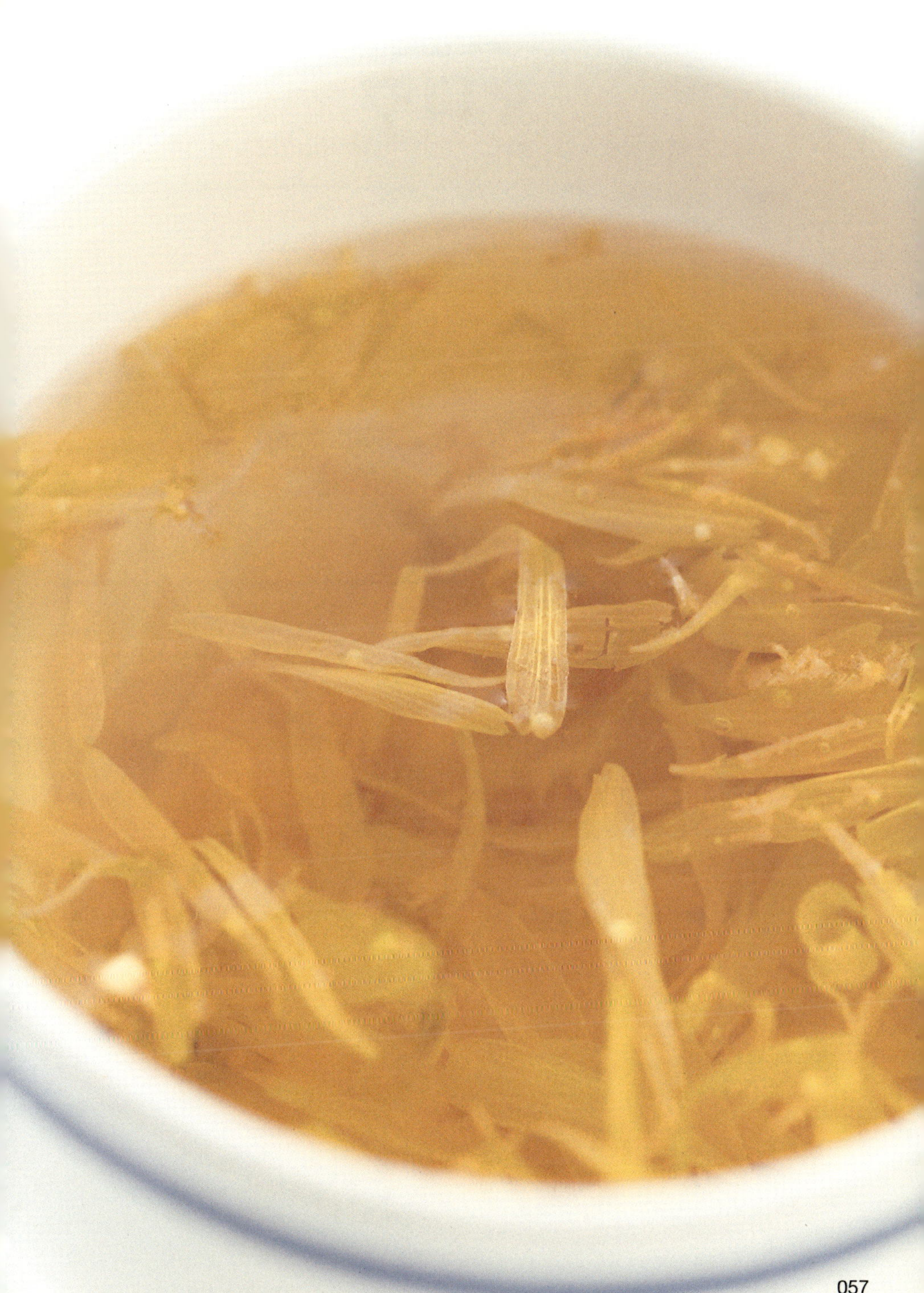

Herb Catalogue Vol.1

MALLOW
マロウ
見た目でも楽しめて、のどや気管支にやさしい

薬効
のどの消炎、気管支炎など呼吸器系に効果的。美肌・美白作用。

その他の利用法
浸出液の湿布。料理。薬用。園芸用。

マロウは、古代ギリシャ・ローマ時代から、葉や茎は食用の野菜として、花、葉、根はお茶として利用されてきました。中世になって世界じゅうで栽培されるようになり、現在では変種は1000種にも及ぶといわれます。鎮痛、消炎などの作用が知られていて、重用されてきました。

いれたときにはあざやかな青色のお茶は、時間がたつにつれて紫色に変わります。レモンを数滴加えると、今度はさわやかなピンクに。色の変化も楽しめる、このきれいなハーブティーは、のどや気管支の炎症に効果があります。せきが止まらないときや痰がからむときに飲むと、症状を楽にします。濃いめにいれたものでうがいをするのも、のどの痛みを抑える効果があります。タバコの吸いすぎが気になる愛煙家にも、おすすめのお茶です。

体をリラックスさせる効果もあるので、ごくおだやかな味わいのハーブティーを楽しめば、ゆったりした気持ちになれるでしょう。

和名はウスベニアオイですが、日本のアオイとは別種です。ちなみに、日本原産のアオイ属はなく、古くからアオイと呼ばれたフユアオイも、アジアの温帯から亜熱帯にかけてのものといわれます。

同じマロウの仲間でよく知られているのは、最も薬効が高いマーシュマロウ（ウスベニタチアオイ）です。のどや気管支の炎症を抑えるほか、消化器系の潰瘍、大腸炎などの治療に使われ、ハーブティーとしても飲まれます。

ジャコウの香りがするムスクマロウも園芸用としては人気のある品種ですが、お茶にはしません。

MALLOW
学名：Malva officinalis
アオイ科・二年草または多年草
利用部分：花
原産地：地中海沿岸
栽培：寒さにも強く、栽培は簡単。

●いれたばかりのとき

●レモンを加えると、色がピンクに

Herb Catalogue　Vol.1

EUCALYPTUS
ユーカリ
強い殺菌効果があり、カゼや花粉症の症状を抑える

薬効
消炎作用。花粉症などの症状の緩和。抗菌作用。カゼ、インフルエンザ、気管支炎などの呼吸器系疾患に効果的。

その他の利用法
のど飴。外用薬。防腐剤。

　ユーカリには500種を超える品種があり、オーストラリアにもともと生えていた木は大半がユーカリの仲間といわれます。その中で最も一般的な品種が、タスマニアン・ブルー・ガムとも呼ばれるユーカリプタス・グロブルスです。
　コアラの大好物として知られるユーカリは、人間にとっても有効な成分を含んでいます。オーストラリアの先住民族であるアボリジニは、葉を消毒や解毒に使い、葉や小枝から採取したエッセンシャル・オイルをさまざまな用途に使っています。
　ユーカリの有効成分は、殺菌効果や抗ウイルス作用が強く、のどの炎症や痛みを抑えることから、のど飴などの原材料としても盛んに使われています。熱湯にエッセンシャル・オイルをたらして蒸気を吸い込むだけで、のどの痛みがひいて鼻がすっきりし、呼吸が楽になります。
　ユーカリのお茶にも同じような効能があり、カゼやインフルエンザによる、のどの痛みや鼻づまりを緩和します。目の充血、鼻水などの花粉症の不快な症状を抑えるのにも効果的です。血液の循環をよくする働きもあるので、冷えや肩こりに悩んでいる人にもおすすめ。低血圧を改善する効果もあります。
　ユーカリの生葉にはショウノウに似た薬っぽい独特の香りがあります。お茶にしたときにもこの香りが少し残っていますが、飲んでみるとほとんど気になりません。慣れてくると、さわやかな風味が感じられるはずです。好みによっては、ほかのハーブとブレンドしたり、少量のハチミツを加えたりしてもよいでしょう。

EUCALYPTUS
学名：Eucalyptus globulus
フトモモ科・常緑高木
利用部分：葉
原産地：アメリカ、オーストラリア
栽培：根は有毒物質を分泌するので近くに生えている植物の成長を妨げる。

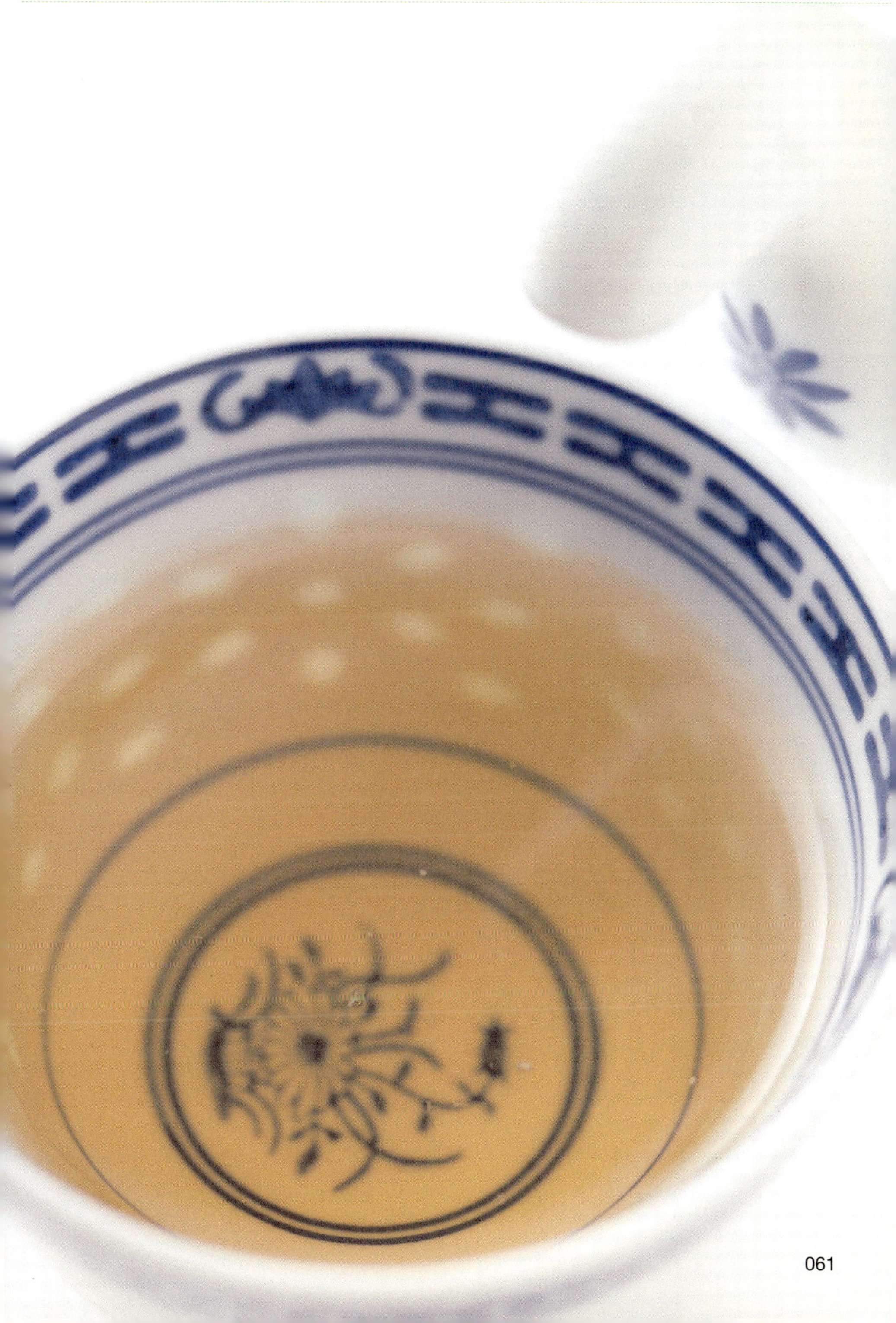

RASPBERRY LEAVES
ラズベリーリーフ
出産や授乳を助ける、ほどよい酸味のハーブティー

薬効
子宮や骨盤の筋肉の強化。荒れたのどや口内炎の不快感の改善。生理痛の緩和。貧血予防。

その他の利用法
ジャム。お菓子。染料。香味料。

memo
妊婦が使用する場合は医師の指示に従うこと。

　ラズベリーのきれいな赤い実は、酸味を含んださわやかな甘みで、ヨーロッパでは古くから親しまれてきました。中世には栽培も始められ、多くの変種が登場しています。和名はヨーロッパキイチゴで、日本で自生するキイチゴなどとは別種です。

　葉を使ったラズベリーのお茶は、やわらかな甘みが感じられる香りで、すっきりとした味わいが楽しめます。このハーブティーが注目されたのは、出産を楽にする効果があるからです。助産婦が付き添う形の自然分娩が一般的だった時代には、ことのほか重用されました。

　出産が近くなった時期にラズベリーのお茶を定期的に飲むと、子宮と骨盤の筋肉を強くして、妊婦の負担を軽くしてくれます。子宮を収縮させる効果があるので、産後も飲みつづけると、体力の回復に役立ちました。母乳の出をよくするとともに栄養価を高める効果もあり、妊婦には欠かせない薬といわれたのです。ただし、妊娠初期に飲むと子宮を収縮する効果がよくない影響を与える

ので、飲み始める目安は出産予定日の2カ月前といわれます。必ず専門医に相談して、指示に従ってください。

　子宮に働きかける作用が強いので、妊娠期でなくても、生理痛の緩和に強い効果があります。下痢を抑え、のどの痛みや口内炎の症状もやわらげます。

　甘酸っぱいイメージのわりには、果実にはビタミンCはさほど含まれていません。そのかわり、貴重なミネラルであるカリウムとカルシウムが多量に含まれています。そのまま食べてもとてもおいしく、ジャムやお菓子などにも利用しやすいヘルシー食材です。

RASPBERRY LEAVES
学名：Rubus idaeus
バラ科・落葉低木
利用部分：葉
原産地：ヨーロッパ
栽培：苗木を浅く植える。

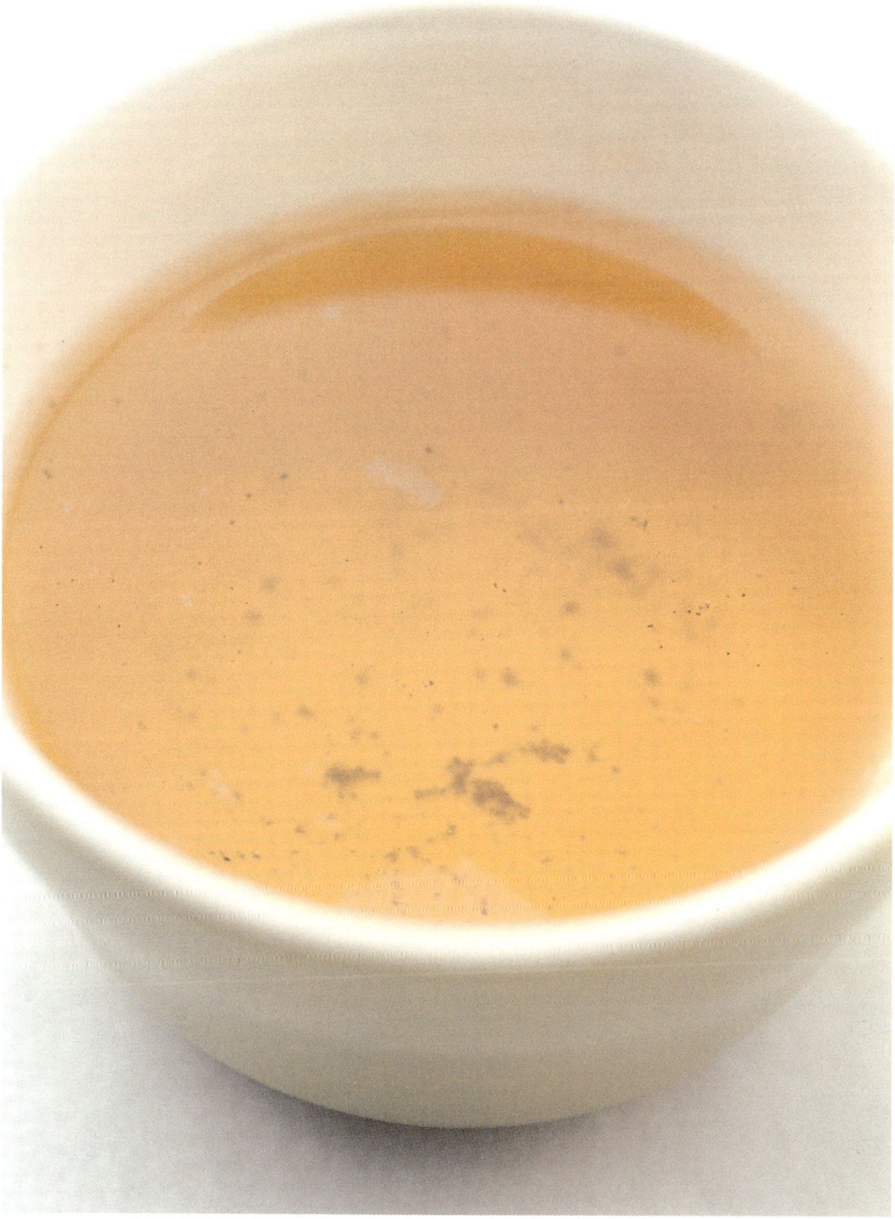

LAVENDER
ラベンダー

華やかな香りで、高い人気を誇るハーブ

薬効
鎮静作用。頭痛、生理痛、消化不良の緩和。防腐・抗菌・殺菌作用。疲労回復。心身の緊張による不眠症に有効。

その他の利用法
エッセンシャル・オイル。ポプリ。食用。

● *memo* ●
妊娠中は大量摂取しないこと。

　ラベンダーは「香りの庭の女王」とも呼ばれ、すばらしい香りが広く知られています。数多いハーブの中でも、人気が高いものの一つです。

　ハーブティーにしたときにも、独特の香りが強くただよいます。お茶にすると華やかな紫色がなくなるので、カップに花をいくつか浮かべるのもよいでしょう。香りの強さが気になるようなら、薄めにいれるか、ブレンドティーにします。

　ラベンダーの名前は、「洗う」という意味のラテン語に由来します。古代ローマでは、公共の浴場で入浴剤として使っていました。洗濯にも用いて、衣類に芳香をつけていたともいわれます。さわやかな香りが、広く愛されていたことがうかがえます。清潔、純潔、長寿、平和などの象徴とされてきました。ただし、妊娠中に大量摂取はしないこと。

　香りには強い鎮静効果があるので、イライラするときや不安感があるときに飲むと気持ちがしずまり、リラックスできて、不眠症にも有効です。頭痛や生理痛をやわらげ、ストレス性の高血圧にも効きます。口臭や腹痛を抑え、おなかにガスがたまっているときにも効果的です。

　用途が広いのも、ラベンダーの特徴です。花を乾燥させてポプリやサシェに入れると、香りが長くつづきます。石鹸やロウソクなどの材料としても定番で、最近は鎮静効果を利用したアイピローも登場しています。目の疲れを癒すとともに、高いリラックス効果もあります。

　品種が多いラベンダーの中で、高品質のエッセンシャル・オイルがとれるのは、フレンチ・ラベンダーとイングリッシュ・ラベンダー。ハーブティーにするのは、主にイングリッシュ・ラベンダーです。

LAVENDER
学名：Lavandula officinalis
シソ科・多年草
利用部分：花
原産地：フランス、地中海地方
栽培：日当たりのよい土地で。

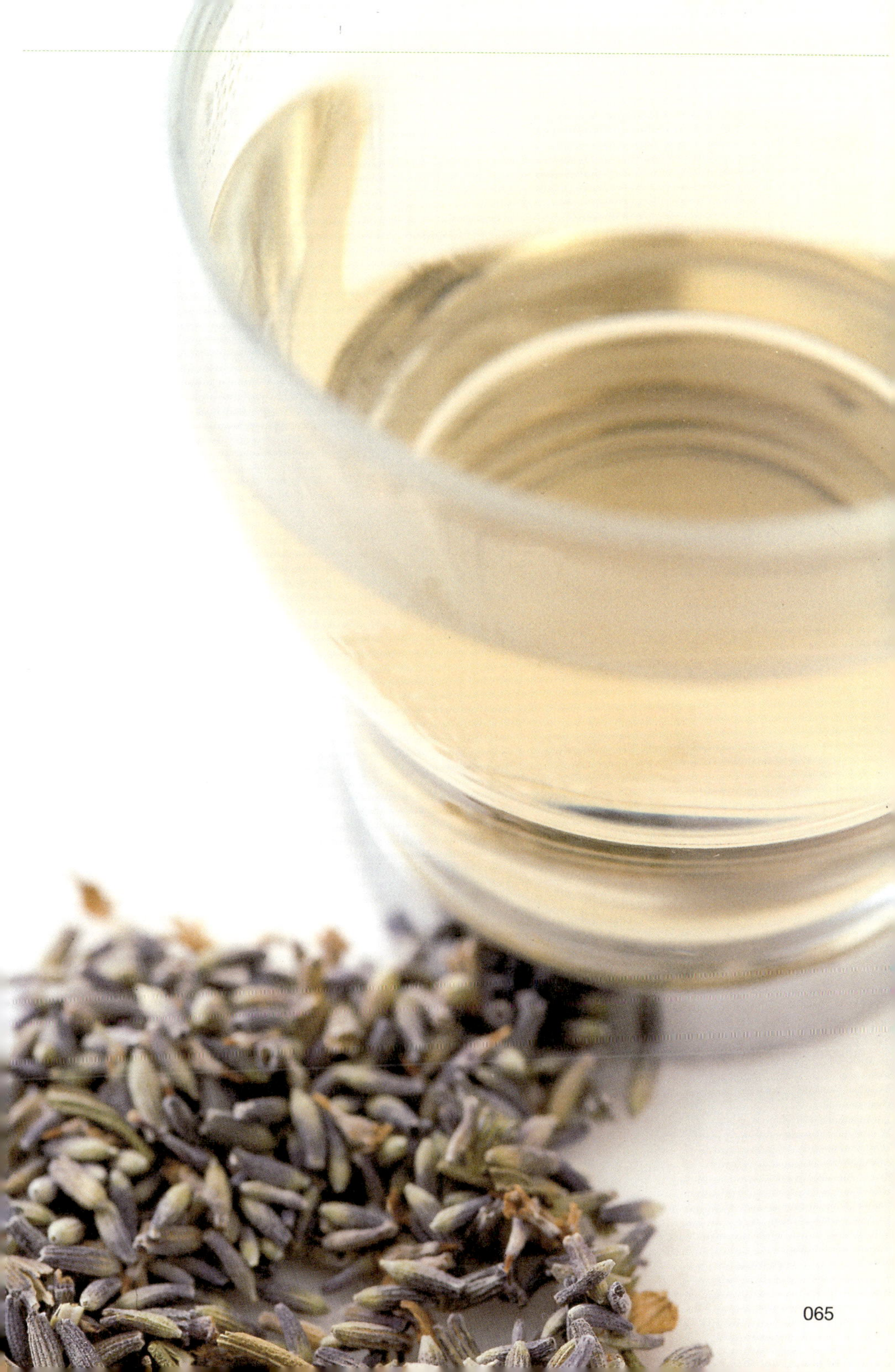

column

これだけは知っておきたい主要ハーブ25種類とは？

　本書のP32からP83までで紹介している25種類のハーブは、NPO法人日本ハーブ振興協会が定めた、「最低知っておくべきハーブ25種類」です。これらのハーブは、現在、日本において使用頻度が高く、一般性が高いもの。

　同NPO法人では、ハーブの普及を担う人材の育成のために、「プロフェッショナル・アドバイザー・オブ・ハーブ（PAH）」という資格を認定しています。その資格取得の第一の課題が、この25種類に関する基礎知識なのです。

　それぞれのハーブの使われる部分（その基礎知識として植物としての概括的分類の仕方）、特性、使われ方、注意すべき点などの知識が問われます。さらに、ハーブの代表的な使われ方の第一として、この25種類のハーブを使ったハーブティーに関する知識も必要です。シングルでの特徴、ブレンドに関する基礎知識の両方が試験項目となっています。

　この資格に関しては、NPO法人 日本ハーブ振興協会（電話03-3351-1291 FAX 03-3351-1299 Eメールinfo@npo-nha.jp）まで。

　ちなみに、この25種類のハーブを分類すると、次のような6つのグループ分けができます。

　同じグループに属するものは、ブレンドしたときの相性もよく、効果も増幅されます。

リラックス・安眠のために

オレンジピール　034
ジャーマンカモミール　036
パッションフラワー　048
ラベンダー　064
リンデン　068
セージ　040
レモンバーベナ　072
レモンバーム　074
ローズレッド　076
ラズベリーリーフ　062

リフレッシュ効果バツグン

スペアミント　038
ペパーミント　052

老廃物を排出する

ダンディライオン　042
フェンネル　050
ワイルドストロベリー　082

体を温める・カゼ・花粉症・体力向上に

エルダーフラワー　032
マロウ　058
ユーカリ　060
ネトル　044

美肌効果

ハイビスカス　046
ローズヒップ　078
ローズマリー　080

胃腸の調子を整える

マジョラム　054
マリーゴールド　056
レモングラス　070

LINDEN
リンデン

血圧を下げ、多くの病気の予防に役立つ

薬効

緊張緩和。不眠症に効果的。消化促進。利尿作用。発汗作用。カゼやインフルエンザ、頭痛などの緩和。血圧を下げ、動脈硬化を予防するといわれている。

その他の利用法

ハチミツ。飲料(リキュール)。入浴剤。

初夏に黄緑色の小さな花を無数に咲かせるリンデンは、原産地のヨーロッパでは街路樹として親しまれています。

花と、苞（ほう。花に近い部分の葉）を使うリンデンのお茶は、少し甘みのある上品な香りで、すっきりとしたあと味です。消化促進の効果があるため、食事のあとのお茶として、飲まれてきました。

このハーブティーには神経をしずめる作用もあり、不眠症に効果があります。ヨーロッパでは、子どもが興奮状態で大人のいうことを聞かないときなどに飲ませる習慣があるそうです。花に含まれているビオフラボノイドという成分が血圧を下げ、動脈硬化、心筋梗塞などの予防にも役立ちます。神経質な人や、怒りっぽい人におすすめのお茶です。また、すぐれた発汗作用があるので、カゼやインフルエンザの初期症状を楽にしてくれる働きもします。

花からとれるハチミツは良質な貴重品で、リキュールやドリンク剤、入浴剤など、幅広い用途で使われます。

小枝もハーブティーに用いられますが、あまり香りがないので、ほかのハーブとブレンドしたほうがよいでしょう。小枝は、腎臓の機能を活性化させる効能が知られています。利尿作用や、コレステロールを減少させる効果があるので、ダイエット茶として有効です。

リンデンはシナノキ科の高木で、セイヨウシナノキとも呼ばれます。和名はセイヨウボダイジュですが、東洋の菩提樹とは別の品種です。リンデンはドイツ語、英語ではライム。リンデンもライムも、シナノキの樹皮の裏側にあるリネン状の繊維のことを意味しています。この繊維は、かつて漁網にも使われていました。

LINDEN

学名：Tilia eurapaea
シナノキ科・落葉高木
利用部分：花、葉
原産地：ヨーロッパ
栽培：ヨーロッパでは街路樹として一般的。

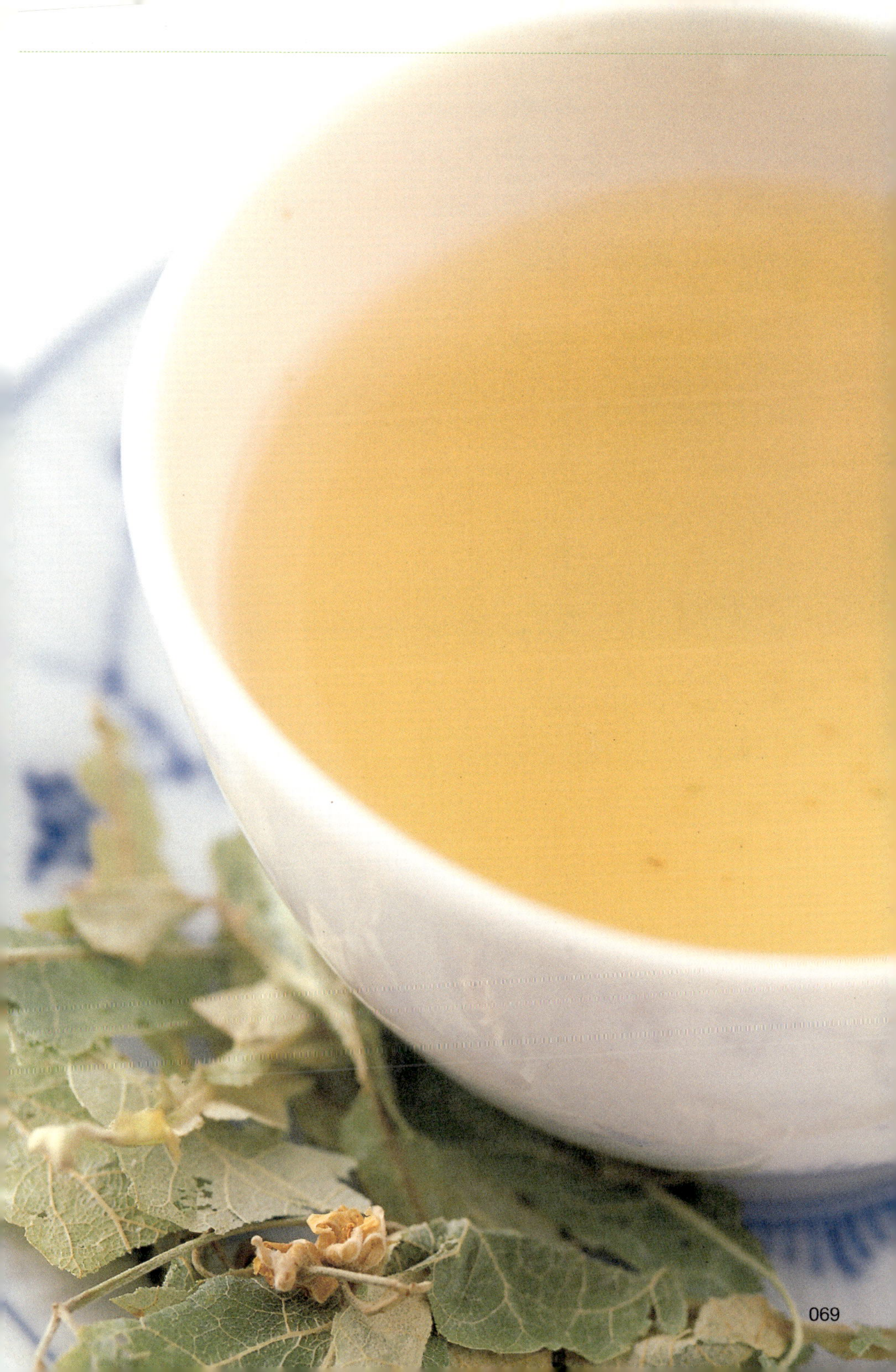

Herb Catalogue Vol.1

LEMON GRASS
レモングラス
レモンのさわやかな香りが食欲増進や疲労回復に効く

薬効

消化促進。腹痛、下痢の緩和。疲労回復。食欲増進。カゼやインフルエンザの症状改善。

その他の利用法

香水。東南アジアでは料理によく使う。

　レモングラスはススキによく似た背の高い草ですが、葉をちぎってこすると、レモンとそっくりの香りがします。レモンの香りの成分でもあるシトラールを多量に含んでいるからです。

　香りはレモンのようにすがすがしく、酸味のまろやかなレモングラスのお茶は、だれにでも親しまれる味です。フレッシュハーブでも、ドライハーブでもおいしく味わえますが、ドライハーブだと風味がやや落ちます。物足りないようなら、レモンピールなどを少し加えるとさわやかさが引き立ち、味にメリハリがつきます。

　レモングラスのお茶には消化を促進する効果があり、食前・食後のお茶にも向きます。刺激があって腹痛や下痢にも効くので、胃腸の調子がよくなくて食欲がないときなどにぴったりのお茶です。

　さわやかな風味は疲労回復の効果も高く、集中力が落ちたときや眠けを感じるときに飲むと、気分をリフレッシュしてくれます。発汗や殺菌の効果があるので、カゼやインフルエンザの症状改善にも利用されています。

　家庭でも比較的簡単に育てられる点も、レモングラスの特徴です。市販の苗をプランターなどに植え、日当たりのよいところにおいて水をたっぷり与えれば、すくすくと成長します。寒さは苦手なので、冬場は室内にとり込んだほうがよいでしょう。

　レモングラスは料理にもよく使われ、特にエスニック料理には欠かせません。葉や茎（長ネギのような根元の白い部分）が、さまざまな料理に入っています。タイ料理の代表格であるトムヤムクンにもレモングラスの茎が使われ、辛さに独特の風味を添えています。

LEMON GRASS
学名：Cymbopogon citrates
イネ科・多年草
利用部分：葉
原産地：ブラジル、インド
栽培：家庭でも比較的簡単に栽培できる。

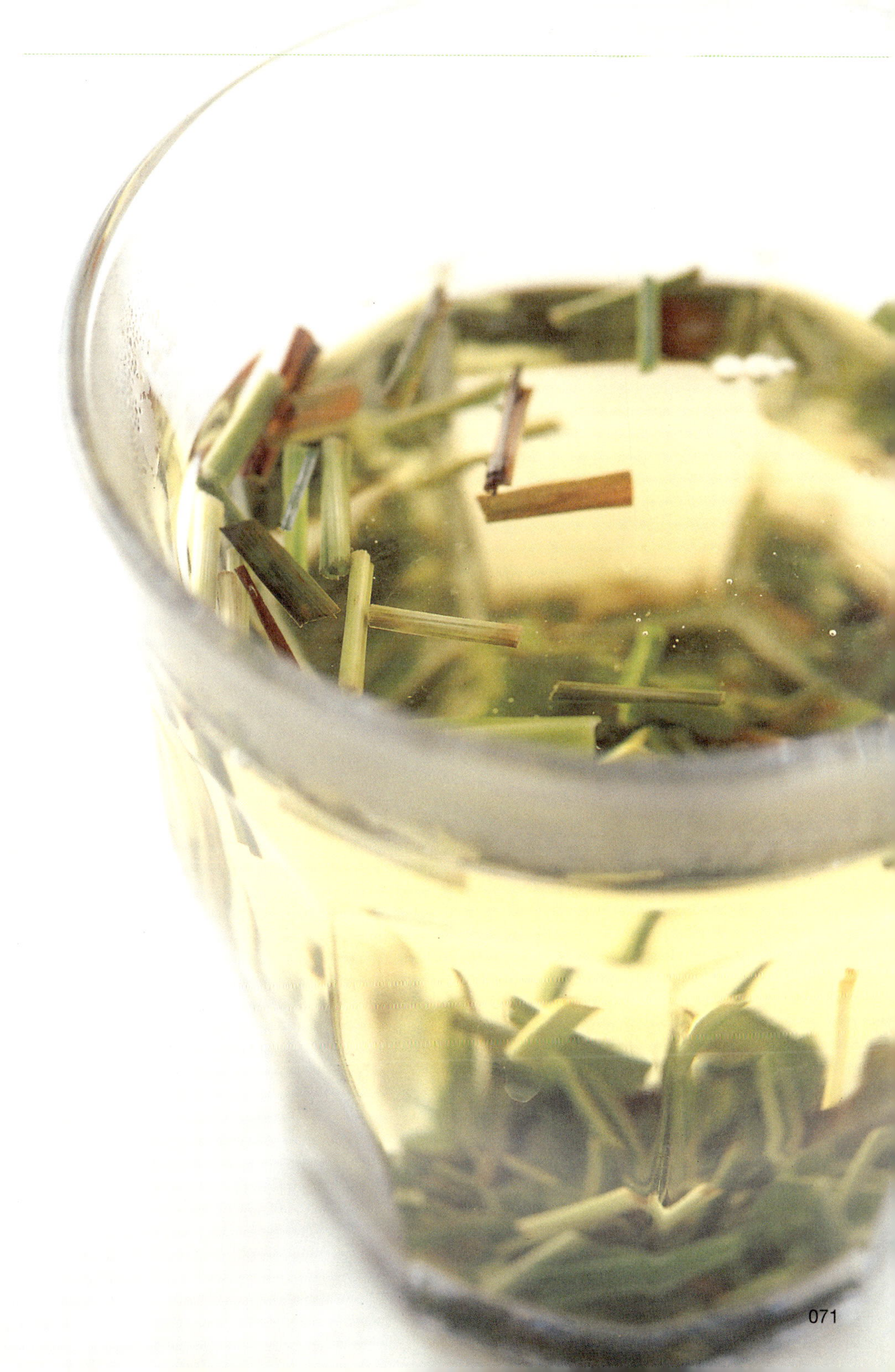

LEMON VERBENA
レモンバーベナ
心を落ち着ける、ビギナーにもおすすめのお茶

薬効
鎮静作用。消化不良、吐きけ、不眠症の緩和。

その他の利用法
香料。食用。化粧水。園芸用。

● *memo* ●
長期間にわたって多量に飲まないこと。

　レモンバーベナは、南アメリカなどに分布している落葉低木です。夏に枝先に小さな白っぽい花を咲かせます。黄緑色の細長い葉から強い香りを放ち、日本ではコウスイボクとも呼ばれます。
　やや緑がかった黄色のレモンバーベナのお茶は、レモンに似た香りで、酸味の中にかすかな甘みがあります。レモン系のハーブティーの中では風味がまろやかなので、ビギナーにも向きます。レモンバーベナをベースにほかのレモン系のハーブなどを加えるのもポピュラーな飲み方です。リンデン（P68参照）、ローズレッド（P76参照）などとの組み合わせも人気があります。
　レモンバーベナのお茶は鎮静効果があるので、神経の緊張しているときやイライラするときに効果的です。うつ症状や不眠症をやわらげる働きもあります。体を温め、気管支や鼻の炎症をしずめるので、カゼのひきはじめにもおすすめです。ヨーロッパでは人気が高く、特にフランスの女性に愛飲されているといわれます。
　ドライハーブでもフレッシュハーブでもティーとして楽しめ、ドライハーブは何年も香りを保つといわれます。ドライハーブをそのまま いれると香りがあまり強くありませんが、軽くもんでからハーブティーにすると、レモンの香りがただよいます。胃を刺激するので、長期間にわたって多量に飲むのは避けること。
　自生する木は3〜4mにまで育ちますが、冷温帯地域ではそこまで成長せず、ヨーロッパでは室内で鉢植えを育てていることも多いようです。かつては、食事の際に指を洗うフィンガーボールの香りづけに使われました。現在も、コールドウォーターのデカンタにレモンを入れるかわりにレモンバームをひと枝さして香りを加える、といった使われ方があるそうです。

LEMON VERBENA
学名：Aloysia triphylla
クマツヅラ科・落葉低木
利用部分：葉
原産地：モロッコ、南アメリカ
栽培：寒さに弱いので、冬場は室内に入れる。

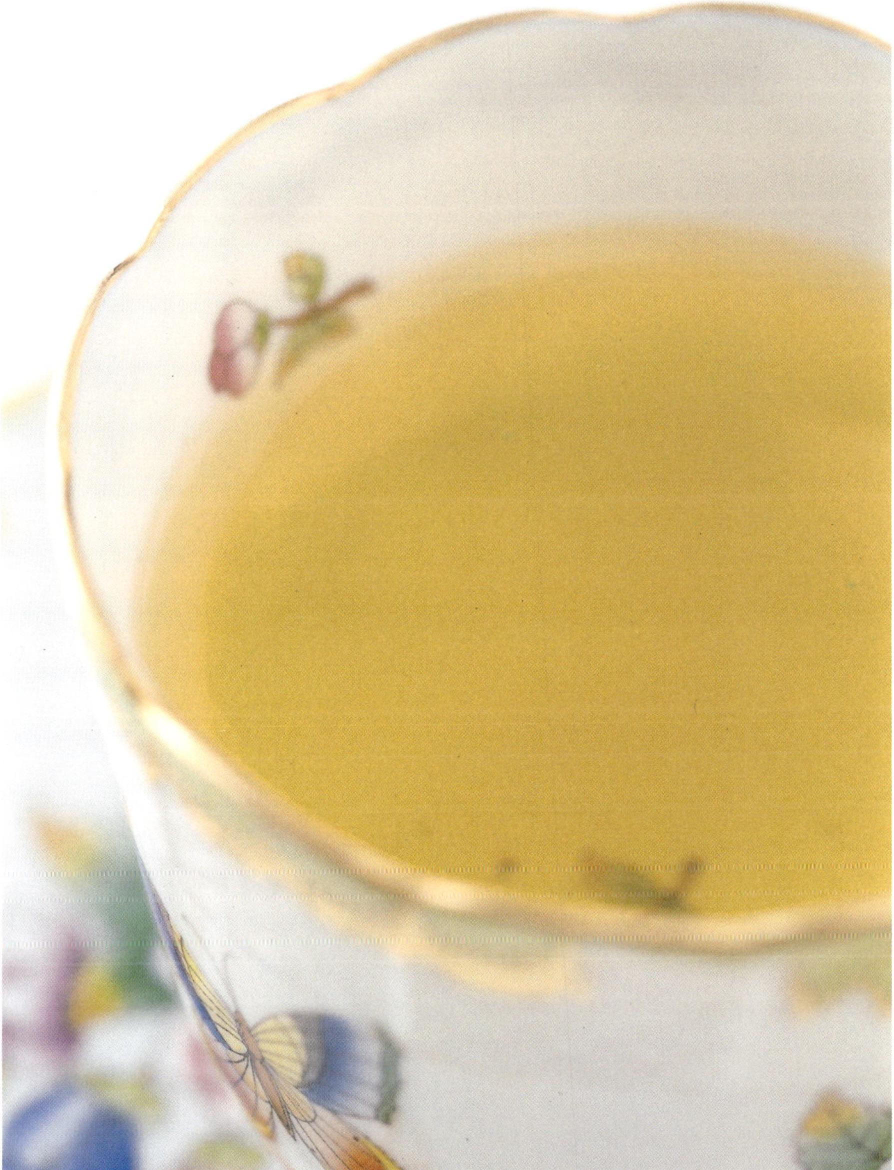

LEMON BALM
レモンバーム
飲めば元気が出る、さわやかな香りのお茶

薬効
消化促進。鎮静・鎮痛作用。健胃・強壮作用。解熱・解毒作用。

その他の利用法
料理。ハチミツ。ドリンク。

　レモンバームはシソ科の多年草で、ミントの一種。見た目はシソに似ていますが、レモンに似た香りがし、料理にもよく用いられるハーブです。地中海地方が原産ですが、貴重な植物としてアラブの商人がヨーロッパにもたらしました。もともとは東洋の植物だったともいわれます。

　レモンバームのお茶は、レモンの香りがしても味に酸味がないので、ほんのりとした甘みが楽しめます。鎮静効果や神経の疲れをとる効果があり、内臓に働きかけて体を丈夫にします。

　不安感をとり除いて気持ちを明るくしてくれる元気の出るお茶、などといわれるのはこういう効果が高いからでしょう。発汗作用があるので、カゼのひきはじめにこのハーブティーを温めて飲むのもおすすめです。解熱効果と解毒効果で、症状を軽くしてくれます。

　クセのない味なので、ほかのハーブとのブレンドティーにも向きます。ミント系やレモン系なら、どのハーブと組み合わせてもハズレがないはずです。

　料理に使えば軽いレモン風味をつけることができるので、サラダやスープ、肉料理など、幅広く使えます。カクテルなどに浮かべても、さわやかな風味が生きます。

　レモンバームの属名のメリッサは、「ミツバチ」という意味のギリシャ語に由来します。このことからもわかるように、レモンバームは古くからミツバチと深いかかわりがありました。花のミツが良質のハチミツになるとともに、レモンバームにもハチミツやローヤルゼリーのような高い強壮効果があると考えられたのです。

LEMON BALM
学名：Melissa officinalis
シソ科・多年草
利用部分：葉
原産地：南ヨーロッパ、地中海地方
栽培：成育が速く、育てやすい。

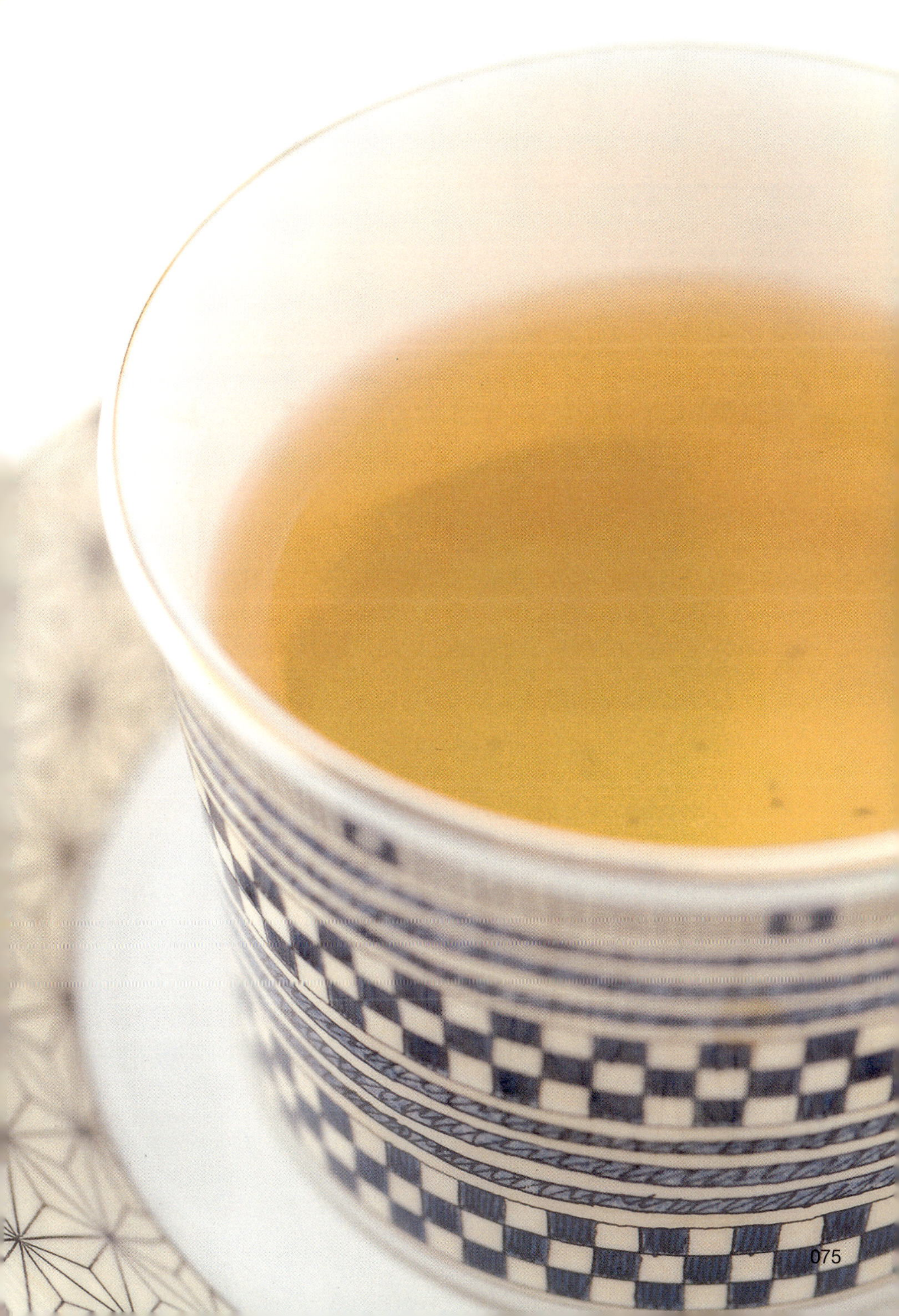

ROSE RED
ローズレッド
華やかな香りの中に数々のすぐれた薬効がある

薬効

鎮静作用。メランコリー、生理痛、生理不順、更年期障害の緩和。ホルモン分泌の調整。消炎・強壮作用。美肌効果。

その他の利用法

芳香剤。化粧水。料理。入浴剤。

　ローズの起源は、6000年前のバビロニア時代にさかのぼるといわれます。品種改良の歴史も中世以前に始まったとされ、現在に至るまで、膨大な数の品種が生まれています。

　ハーブティーに用いられるローズは、原種に近いオールドローズと呼ばれる品種で、園芸用のモダンローズは適しません。このうち花を用いるのは、ガリカローズ、ケンティフォーリア、ダマスクローズなどです。このほかに、花ではなくローズヒップ（P78参照）をお茶にするものもあります。

　ここで紹介するのは、花を用いるハーブティー。一般的なガリカ種の中で、特に赤い花を用いるものです。ピンクの花を使うローズピンク、紫の花を使うローズパープルもありますが、風味や効能に大きな違いはありません。それぞれのバッズ（つぼみ）を使うお茶もあります。

　ローズレッドのお茶は、甘く上品な香りが優雅にただよいます。あっさりしたクセのない味で、あと味もさっぱりしています。神経に働きかける作用が強く、気分転換したいときや悩み事があるときに飲むと、リラックスできます。神経性の腹痛や下痢を抑えるのにも有効です。

　ホルモンの分泌を調整する効果もすぐれているので、生理不順や更年期障害の症状もやわらげます。

　ローズレッドは、のどの痛みを抑えるのにも強い効果を発揮します。のどの痛み止めとしてローズレッドのチンキ（アルコールでエキスを抽出したもの）が、1930年代まで医薬品として処方されていたほどです。ハーブティーとして飲んでも効きますが、痛みが激しいときには、濃いめにいれたものでうがいをするとよいでしょう。

　ローズレッドの花を、入浴剤として使うのもおすすめ。すぐれた美肌効果があるうえに、美しい花びらを浮かべたバスタブで華やかな香りに包まれて、リラックス効果も抜群です。

ROSE RED
学名：Rose gallica
バラ科・落葉低木
利用部分：花
原産地：パキスタン、ヨーロッパ
栽培：世界じゅうで多くの愛好家が栽培。

Herb Catalogue Vol.1

ROSE HIP
ローズヒップ
美肌効果抜群の「ビタミンCの爆弾」

薬効
便秘改善。利尿作用。強壮作用。病中病後の体力回復。カゼ、生理不順、生理痛の緩和。美肌効果。

その他の利用法
ジャム。お菓子。ドリンク。

　ローズヒップは、ローズの花が咲いたあとにつく実のことです。ローズヒップのお茶にはスイートブライヤー、ハマナスなども用いられますが、最も一般的なのはドッグローズと呼ばれる品種です。ドッグローズは、古くから薬効の高いことが知られていました。ローマ時代には狂犬病にも効くとされたことから、ラテン語で「犬のバラ」を意味する名前がつけられ、英語でもドッグローズと呼ばれるようになりました。

　ローズヒップには多くのビタミンやミネラルが含まれていますが、なんといっても注目すべきはビタミンCの多いことです。レモンの20倍といわれ、「ビタミンCの爆弾」という過激な呼ばれ方もします。

　ローズヒップのお茶は、フルーティーで甘い香りがします。口に含んでも特別に酸っぱいわけではなく、ちょうど飲みやすいくらいの酸味です。ホールの場合はエキスが出にくいので、熱湯を注ぐ前に実をスプーンでつぶしておくと、エキスの出がよくなり、風味も引き立ちます。ゆっくりと5分以上かけて濃くいれるのがおすすめです。

　豊富なビタミンCに加えて有機酸が含まれているので、ローズヒップのお茶はさまざまな効きめがあります。まず、美肌効果。乾燥肌や敏感肌の改善に役立ちます。

　アルコールやタバコに対する免疫力も高めるので、愛煙家で肌荒れが気になる人はぜひ試してみてください。ビタミンCが、カゼの予防や症状の緩和に効果的なのは、よく知られています。

　ビタミンA、B群、Eも豊富なので滋養強壮効果が高く、妊産婦の栄養補給にも活用されます。利尿作用や便通をよくする働きもあり、代謝を促進するので、ダイエットティーとしての効果も期待できます。

ROSE HIP
学名：Rosa canina
バラ科・落葉低木
利用部分：実
原産地：チリ、ヨーロッパ
栽培：世界じゅうで栽培されている。

079

Herb Catalogue Vol.1

ROSEMARY
ローズマリー
脳や体を目覚めさせるモーニングティー向きのお茶

薬効
脳や体の機能の活性化。血液循環の促進。血管壁強化。血行促進による筋肉痛の緩和。

その他の利用法
料理。化粧水。頭髪料。

memo
妊娠中は大量に摂取しないこと。高血圧の人は不適。

松葉のような針状のローズマリーの葉は樹脂が多く、指でこすると樟脳のようなクセのあるにおいが鼻をつきます。ローズマリーのお茶も強烈な香りがしますが、味にはクセがなく、すっきりしたあと味が印象的です。

ローズマリーは多くのエピソードが残るハーブで、「マリアのバラ」の意味を持つ名称も、聖母マリアの話にちなんでいます。イエスを抱いて逃避行中のマリアが、いい香りのする白い花が咲く木にマントをかけてひと休みしました。すると、白い花が青いマントと同じ色に変わったそうです。以来、その木をローズマリーと呼ぶようになったといわれます。ただし、近年見られるローズマリーの花は青だけではありません。薄紫、ピンクなど、多彩な色があります。

花言葉は「記憶」もしくは「思い出」です。この花の独特の芳香が、脳を活性化させるためといわれます。

ローズマリーのお茶も、強い芳香が刺激になり、血液循環を促進する効果もあるので、香りをかいでいると頭がすっきりしてきます。モーニングティーにぴったりで、特に血圧が低くて朝がつらい人におすすめです。体に活力がみなぎってきて、集中力や記憶力も向上します。神経性の頭痛をやわらげる効果や、脂肪分の消化を促進する効果もあるといわれます。

ローズマリーのエッセンシャル・オイルも薬効が高く、こめかみにすり込むと、ひどい偏頭痛も緩和されます。オリーブオイルとまぜたものは、フケ防止用の整髪料として古くから使われてきました。育毛に効果があるという説もあります。

料理用としてはイタリア料理で特によく使われ、少しくさみのある肉と組み合わされることも多いようです。殺菌作用、酸化防止作用が高いでの、食品の保存を助けます。

ROSEMARY
学名：Rosmarinus officinalis
シソ科・常緑低木
利用分：葉
原産地：スペイン、地中海地方
栽培：かたい枝なら挿し木が簡単。

Herb Catalogue　Vol.1

WILD STRAWBERRY
ワイルドストロベリー
番茶に似た味で飲みやすく、胃腸を整える効果が高い

薬効

利尿作用。リラックス効果。下痢、胃炎、リウマチの緩和。食欲増進。消化器系の不調の改善。

その他の利用法

ジャム。お菓子。美容液。

● *memo* ●

冬やおなかが冷えたときは消化不良の原因になる。

　名前にストロベリーがつきますが、イチゴとはかなりイメージが違うハーブです。一般にイチゴといわれるのはオランダイチゴで、食用に品種改良されたもの。ワイルドストロベリーの実は香りはありますが、イチゴのようなフルーティーなおいしさはありません。

　ワイルドストロベリーは、ハーブティーにしたときも甘酸っぱさやフルーティーな感じはなく、草を思わせるような香りで、素朴な味は番茶のようです。親しみやすさの点では、ハーブの中でトップクラスでしょう。クセの強いハーブとブレンドすると、飲みやすくなります。

　胃腸の調子を整える効果が強いので、下痢のときに効果的です。内臓全体にゆるやかに働き、胃炎の緩和にも効果があるといわれます。食欲がないときなどにもおすすめです。豊富なミネラルが腎機能を向上させて利尿薬の働きをし、リウマチ、関節炎、痛風などの症状をやわらげます。鉄分が豊富なので、貧血の予防にも効きます。

　乾燥した葉を粉末にして歯磨き粉にまぜて利用されてきました。果実にも、歯にこすりつけると歯石や黄ばみをとる効果があります。果実はこのほか、美白効果の高い美容液としても使われてきました。

　ヨーロッパには古くから自生していましたが、主として薬として用いられてきました。葉と根は下痢の薬で、茎は傷薬。果実には胃や肝臓の炎症を抑える効果があります。ただし、冬場やおなかを冷やしたときに食べすぎると、消化不良の原因になるといわれます。

　ワイルドストロベリーの和名はエゾヘビイチゴ。もともとヨーロッパで栽培されていたものが、アジアの北部、北アメリカに伝わったといわれます。北海道に伝わったものが帰化したために、この名がつきました。

WILD STRAWBERRY

学名：Fragaria vesca
バラ科・多年草
利用部分：葉
原産地：ヨーロッパ
栽培：種または移植した幼苗で育てる。

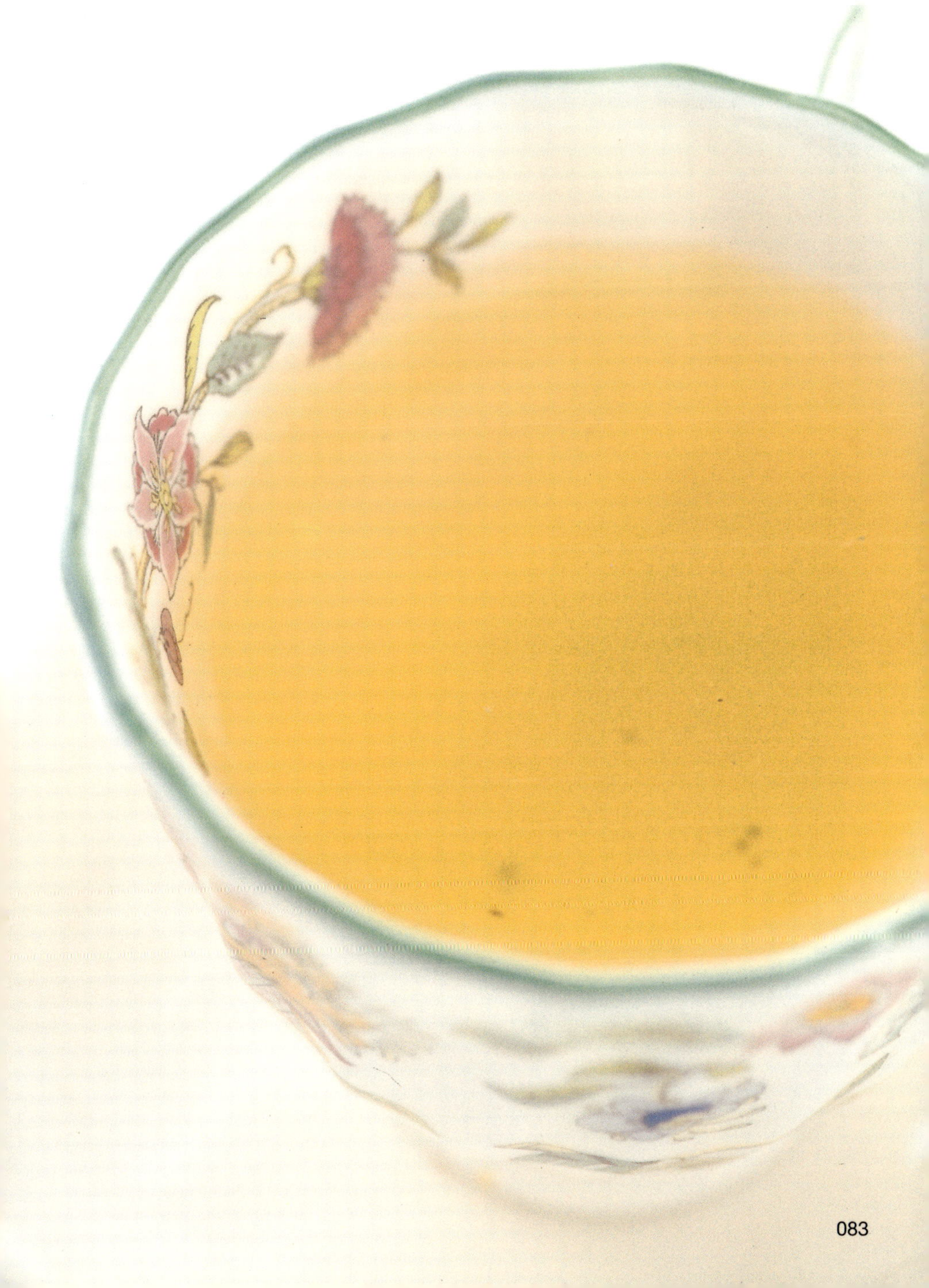

ハーブティーのいれ方

ハーブティーのいれ方は、いたって簡単。
紅茶などをいれるティーポットにハーブを入れ、
熱湯を注いで抽出を待つだけです。
抽出時間は、ハーブの質や状態によって異なるので、
ころあいを見て、チェック用のカップに少し注いで
水色や香りを確かめるとよいでしょう。

ドライハーブ・シングルの場合

①適量（2人分ならティースプーン2杯分）のハーブをポットか、ポットの茶こし部分に入れる。
②ハーブの上から、熱湯400〜500mlを注ぐ。
③花や葉を使うハーブなら、約1分、実や種などの場合は2分以上待ってカップに注ぎ分ける。

実や種を使う場合は、あらかじめ種をとり出したり、実をスプーンの先でつぶしておくとよい。

ガラスのポットを用いれば、水色の変化が見えるので、抽出の具合をはかりやすい。

ドライハーブ・ブレンドの場合

①ブレンドするすべてのハーブをよくまぜておく。
②①のハーブを一度にポットか茶こし部分に入れる。
③ハーブの上から熱湯を注ぎ、抽出されるのを待つ。

フレッシュハーブを使う場合

①フレッシュハーブは、香りを立ちやすくするために、小さくちぎっておく。
②ドライハーブと併用する場合は、あらかじめドライハーブをポットで抽出したあとで加えるか、カップにフレッシュを入れておいて、上からドライで抽出したハーブティーを注ぐ。

アイスハーブティーをいれる

①通常の2～3倍量のハーブに、熱湯を注ぎ入れて濃いハーブティーを抽出し、冷ましておく。
②グラスに氷を入れ、あら熱をとって冷ました①のハーブティーを注ぎ入れる。
③ミントやオレンジスライスなどを浮かべて、涼しげに演出することを忘れずに。

お茶やジュース、コーヒーにハーブをブレンドしていれる場合

①お茶の場合は、あらかじめ茶葉にハーブをまぜてから、お茶をいれる要領でいれる。
②ジュースの場合は、アイスハーブティーをいれる要領でいれたハーブティーをジュースと割る。
③コーヒーの場合はコーヒーだけをいれてから、ハーブを入れたカップに注ぎ入れる。

Herb Catalogue

もっと深く知って、ブレンドも楽しみたい。
ハーブティーカタログ
Vol.2

ハーブティーにもっと深く親しみたいというかたなら、Vol.1に加えて、この章で紹介する50種類以上のハーブについて知っておくとよいでしょう。特にブレンドを楽しむ場合には、これらのハーブの存在が不可欠になってきます。もちろん、すべてシングルで飲んでも効果が期待できますし、おいしいものもたくさんあります。最近のハーブティー専門店では、ここにあるものも含めて100種類近くを常時そろえているところも少なくありません。本書を参考に、少量ずつたくさんの種類を試してみると、さらにハーブティーの楽しみが広がります。

Herb Catalogue Vol.2

ECHINACEA
エキナセア
高い薬効が科学的に実証されているハーブ

薬効
免疫機能の向上。細菌やウイルスによる炎症の鎮静。カゼやインフルエンザの回復促進。

その他の利用法
健康食品。薬用。

● *memo* ●
飲みすぎると、めまいなどの症状が出ることがある。

　ローズ色に近い紫色のきれいな花を咲かせるエキナセアは、園芸家の間ではパープル・コーンフラワーの名で知られています。もともとは北アメリカの草原地帯に自生していましたが、画期的な薬効が注目を浴び、現在では世界各地で栽培されています。日本では近年、健康をテーマにして人気のあるテレビ番組でとり上げられ、ブームに火がつきました。エキナケアと呼ばれることも多いようです。

　ハーブティーにすると、かすかに甘い香りがしますが、苦みや酸味はなく、ほとんど味がしません。ブレンドティーで楽しむのがおすすめです。薬効の高いハーブと組み合わせれば、高い効果が期待できます。

　エキナセアは「天然の抗生物質」ともいわれ、抗ウイルス性、抗菌性が高く、免疫機能の強化に大きな効果のあることが実証されています。感染症の特効薬であり、体の抵抗力を高めるので、さまざまな病気の予防や治療にも効果的です。ガンやエイズの治療薬としても注目を浴び、研究が進められています。

　カゼやインフルエンザにかかったときに、エキナセアのお茶を飲んでみてください。発熱やのどの痛みなどの症状をやわらげ、回復を早める効果の高さを実感できるはずです。作用が強いお茶なので、飲みすぎるとめまいなどの症状が出ることがあります。

　エキナセアは「インディアンのハーブ」とも呼ばれ、北アメリカの先住民族は、虫刺されやヘビにかまれた傷に用いる薬にしていました。このハーブのすぐれた薬効を知っていたからです。

ECHINACEA
学名：Echinacea angustifolia
キク科・多年草
利用部分：根茎
原産地：北アメリカ
栽培：有機質に富む土を好む。

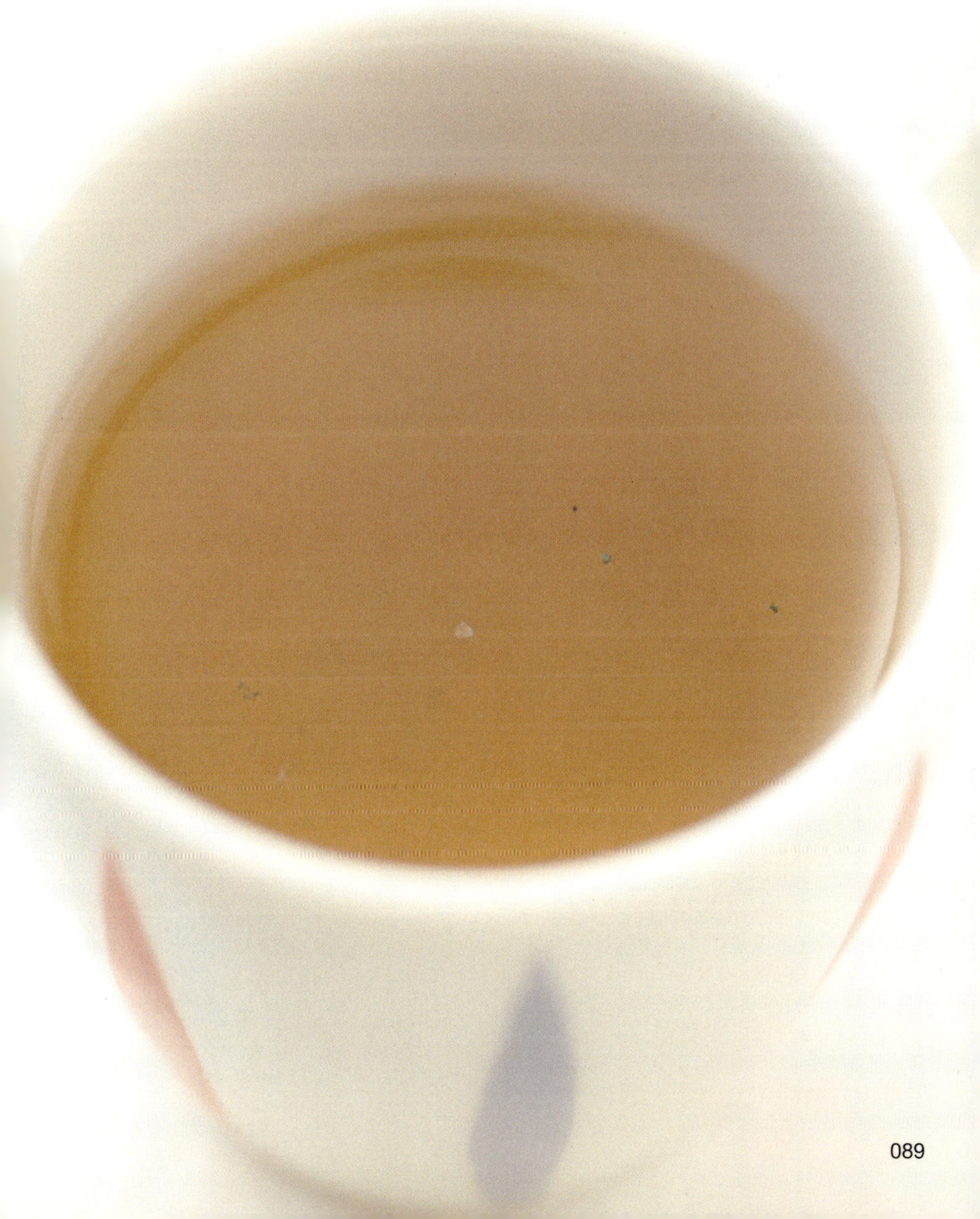

THYME
タイム
消臭・殺菌効果にすぐれ、のどの痛みをやわらげる

薬効
頭痛、神経痛、腹痛の緩和。去痰剤、消毒液、うがい薬として利用。抗菌作用にすぐれ、水虫にも効果的。

その他の利用法
料理。ポプリ。押し花。

memo
妊娠中の飲みすぎは避けること。

　タイムにはいろいろな種類がありますが、最も一般的なのは、コモンタイムとかガーデンタイムと呼ばれる品種です。常緑性の多年草で、大きいものは高さ40cm近くまで成長します。

　強い香りがあり、ハーブティーにするとすがすがしい香りで、少し苦い味がします。フレッシュでもドライでも飲まれますが、フレッシュのほうが香りがマイルドです。

　タイムは古代から、人々の暮らしに密着してきました。ギリシャ時代には勇気や気品の象徴とされ、「タイムの香りがする人」というのが男性に対する最高級の賛辞だったそうです。入浴後に、香水がわりにタイムの葉を体にすり込む風習もはやりました。中世には、戦いに出発する騎士を勇気づけるため、タイムの枝を振って送り出したといわれます。薬用としては、肺によいハーブで、胃腸の働きも整えると考えられていました。

　タイムのお茶は、のどに痛みがあるときにおすすめです。殺菌効果が強く、痰をとり除く効果もあるので、カゼや花粉症のつらい症状を緩和してくれます。神経の働きを助ける効能もあり、神経性の頭痛や神経痛もやわらげます。子宮を強く刺激するので、妊娠中に飲みすぎるのは避けてください。

　すぐれた消臭効果も特徴です。ローズマリー（P80参照）、セージ（P40参照）、オレガノ（P100参照）など、シソ科のハーブは消臭効果の強いものが多数ありますが、タイムが最も強い効果を示したという実験結果もあります。殺菌効果の点でも、タイムはハーブの中でトップクラスとされ、エッセンシャル・オイルが水虫の治療に用いられます。

　料理の中でも保存食に使われることが多いのは、風味づけのほかに保存料の意味合いがあるからです。加熱しても香りが失われずに長時間続くので、シチューやスープにも使われます。

THYME
学名：Thymus vulgaris
シソ科・多年草
利用部分：葉
原産地：モロッコ、地中海地方
栽培：4〜5年で株の更新をする。

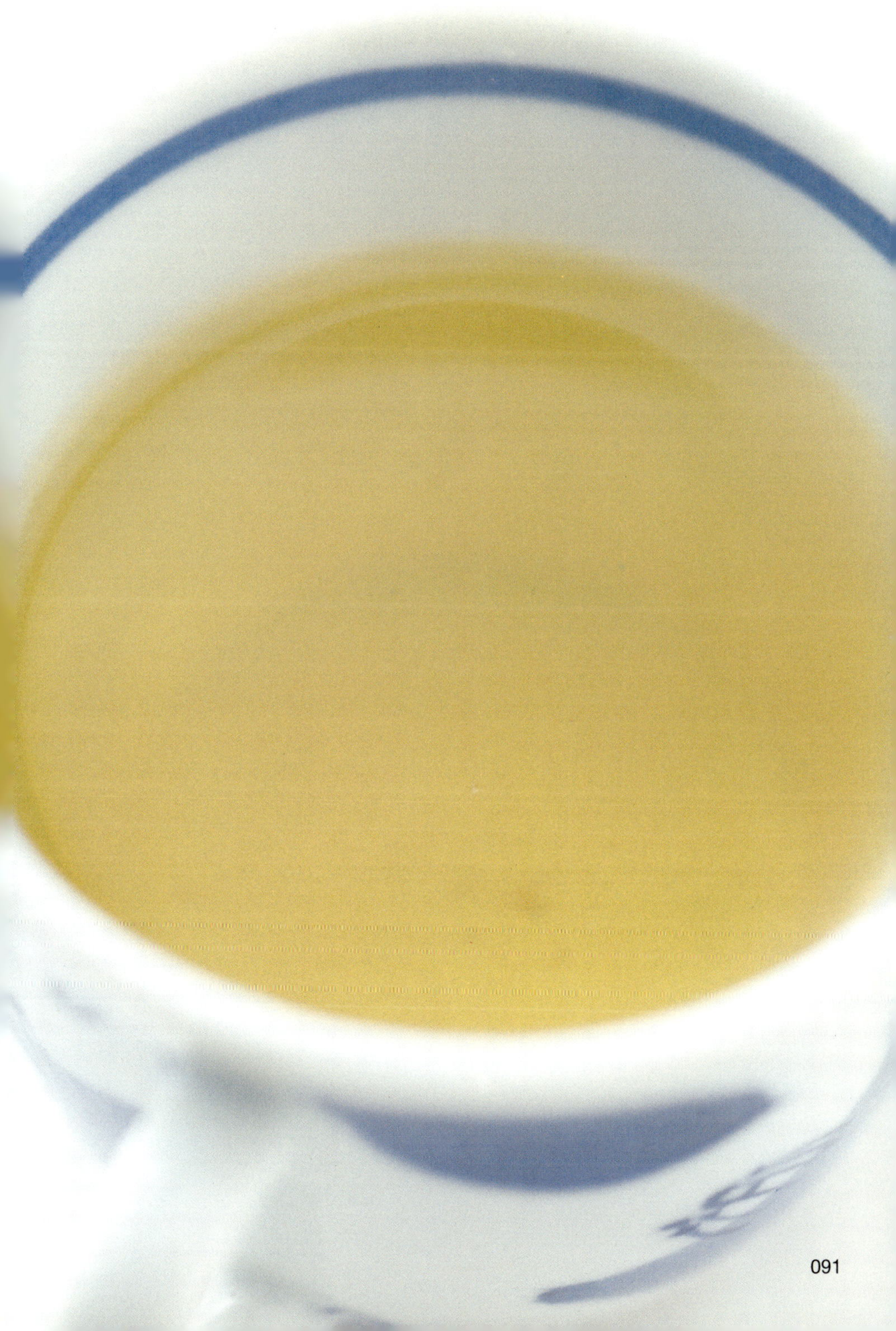

BASIL
バジル

料理に活躍する「ハーブの王様」は胃腸の調子を整える効果も高い

薬効
腹痛、吐きけの鎮静効果。便秘解消。消化促進。

その他の利用法
料理。害虫駆除剤。

パスタ、ピザなどに用いられることが多く、日本でもおなじみのハーブです。トマトとの相性が抜群で、イタリア料理には欠かせません。

バジルという名前は、ギリシャ語の「王様」という言葉に由来しています。それだけ人気があり、重要なものと考えられたのでしょう。この語源のせいもあり、バジルは「ハーブの王様」ともいわれます。料理を引き立てる鮮烈な風味には、そういわれるだけの価値がありそうです。

バジルのお茶は、さわやかさの中に甘みが感じられる香りがあり、やや刺激のあるピリッとした味です。消化器系の不調を改善する働きが強いので、胃腸が弱い人におすすめです。消化を促進し、腹痛や吐きけを抑えてくれます。腸内のガスを減らし、便通を促す効果もあり、おなかが張っているときにも向きます。

スパイシーな味わいが刺激になって気分を変えてくれるので、イライラするときや、疲れぎみのときに飲んでもよいでしょう。

バジルは、トマト料理だけではなく、肉、魚、野菜など、どんな材料とも合います。特にニンニクやナスとは相性がよいようです。葉には防虫効果があるので、虫よけや害虫駆除剤にもなります。エッセンシャル・オイルは、神経の疲れをとる効果が高く、マッサージ・オイルなどに用いられます。

ヨーロッパで広く活用されていますが、原産地はインドという説が有力です。スイートバジルとも呼ばれ、イタリア名のバジリコも知られています。和名のメボウキは、江戸時代に薬草として用いられ、水につけた種のまわりにできるゼリー状の粘膜で目を洗ったことから名づけられました。

BASIL
学名：Ocimum basilicum
シソ科・一年草
利用部分：茎、葉
原産地：インド、地中海地方
栽培：日当たりがよく、やせた土地を好む。

Herb Catalogue　　Vol.2

YARROW
ヤロウ
可憐な小さな花のお茶が、体にやさしく働きかける

薬効

栄養補給・強壮作用。血液浄化・止血・血圧降下作用。利尿作用。消化促進。カゼ、インフルエンザ、生理痛の緩和。

その他の利用法

入浴剤。化粧水。

● *memo* ●

妊娠中は飲みすぎないこと。

　属名はギリシャの英雄アキレスにちなみます。トロイ戦争のときに、アキレスが傷ついた兵士たちを救うために薬に用いたのがこのハーブです。「鼻血」の意味である「ノーズブリード」という俗称からも、止血薬として珍重されてきたことがわかります。

　ヤロウの花を使ったハーブティーは、くっきりとした香りで少し辛みのある味。あと味がすっきりしていて気分を爽快にしてくれます。風味がきついと感じる人は、少量のハチミツなどで甘みを加えるとよいでしょう。

　ビタミンやミネラルが豊富に含まれているので強壮効果があり、栄養補給にも役立ちます。疲労感が強いときや、体力が落ちているときにおすすめです。末梢血管を拡張する効果が、血液の循環をよくして血圧を下げ、血液を浄化します。生理不順の症状を改善し、高血圧によって引き起こされる病気の予防効果も期待できるでしょう。利尿作用や発汗作用もあり、カゼやインフルエンザの症状をやわらげるのにも有効です。ただし、妊娠中には飲みすぎないこと。

　ヤロウの花はエッセンシャル・オイルの薬効の高さで知られ、抗アレルギー性が強いことから、花粉症などの薬に用いられます。関節炎の腫れを抑えるマッサージ・オイルにも使われます。

　耐寒性や適応性があるヤロウは、世界各地に自生しています。和名のセイヨウノコギリソウは、細長くてギザギザがある葉がノコギリに似ていることから。夏から秋にかけて茎の先端に白もしくはピンクの小さな花が密集して咲き、長いものは2カ月以上も咲きつづけます。

YARROW
学名：Achillea millefolium
キク科・多年草
利用部分：花
原産地：ヨーロッパ
栽培：多少の荒れ地でもよく育つ。

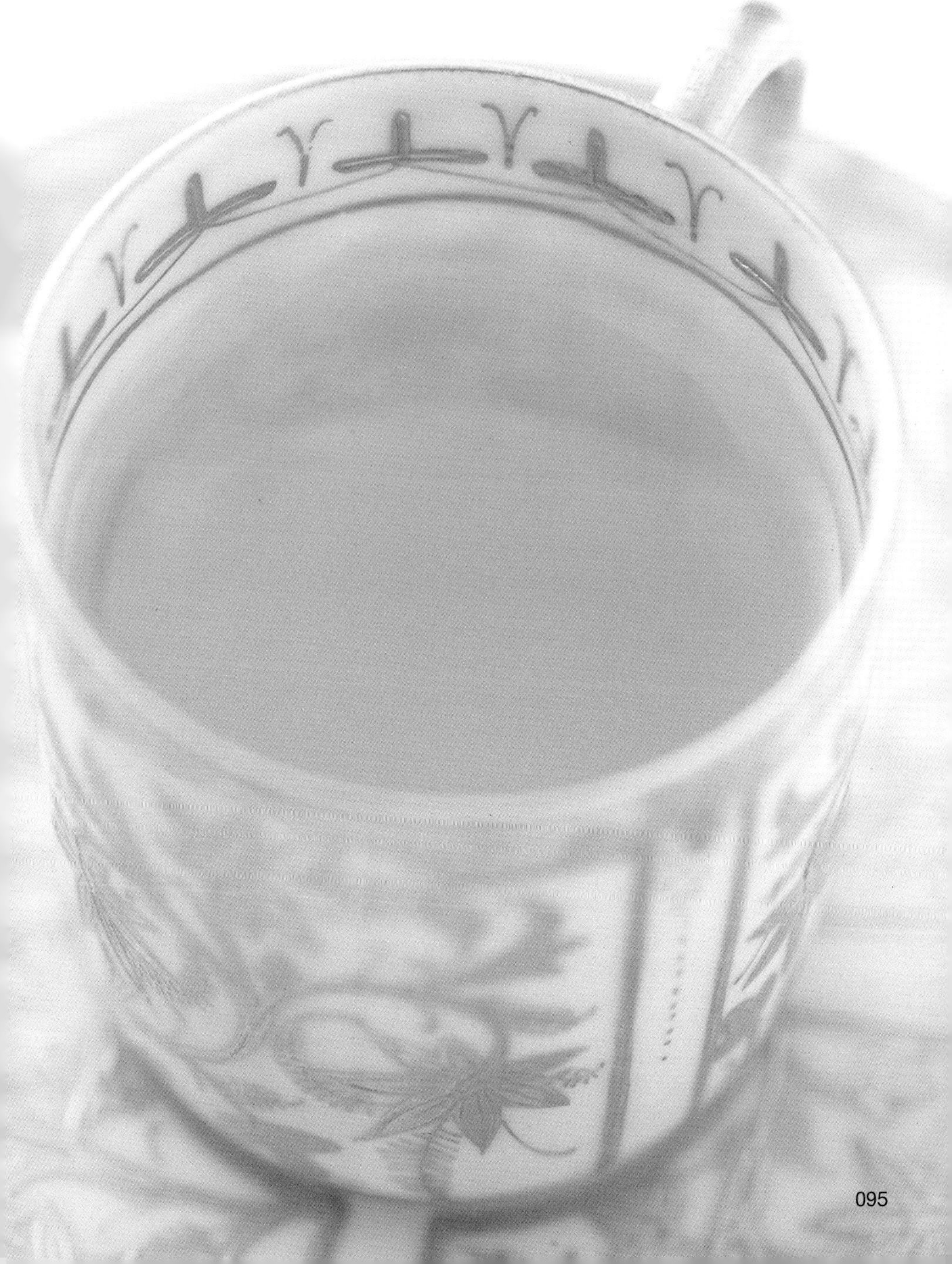

Herb Catalogue Vol.2

LIQUORICE
リコリス
ブレンドティーに甘みを添える、薬としても知られるハーブ

薬効
利尿・緩下作用。肝臓の解毒作用補助。虫歯予防。関節炎の痛み、こわばりを解消。抗炎症・抗ウイルス・抗アレルギー作用。

その他の利用法
薬用。ダイエット甘味料。

● *memo* ●
高血圧の人は服用しないこと。

　リコリスは、紀元前500年ごろから薬として用いられてきた薬効の高いハーブです。和名はカンゾウで、漢字で甘草と書いたほうがわかりやすいかもしれません。甘草は、ほかの生薬のバランスを整えるために、多くの漢方薬に配合されます。

　甘草という中国名が示すように、非常に甘みが強いのが特徴です。根に多量に含まれるグリチルリチンは、砂糖の約50倍の甘さがあり、甘味料の材料として用いられます。リコリスのお茶もかなり甘みが強いので、ブレンドティーにするのが一般的な飲み方です。ほとんどのハーブと組み合わせられ、苦みやクセが強いハーブとブレンドすると、ずっと飲みやすくなります。甘みは強くても低カロリーなので、ハチミツのかわりに使うとダイエット効果があります。

　リコリスの根に含まれるグリチルリチンには、副腎皮質ホルモンをはじめとする各種ホルモンの分泌を促進する働きがあるので、抗炎症、抗ウイルス、抗アレルギーなどの作用があります。気管支炎の症状をやわらげるので、のどに痛みがあり、痰やせきなどの不快な症状があるときにおすすめです。胃潰瘍、膀胱炎などの疾患にも効きます。体の免疫力を高めるので、さまざまな病気を予防する効果も期待できます。ただし、高血圧の人は服用を避けてください。

　リコリスは、ダイエット甘味料としても高い価値があります。リコリスの甘みを生かしたリキュールも人気があり、カクテルなどに使われます。

LIQUORICE
学名：Glycyrrhiza globora
マメ科・多年草
利用部分：根
原産地：トルコ、地中海地方
栽培：砂地を好む。

Herb Catalogue Vol.2

ST. JOHN'S WORT
セントジョーンズワート
寝苦しい熱帯夜も解消するハッピーハーブ

薬効
消炎作用。収斂作用。去痰作用。抗ウイルス作用。生理痛、更年期障害の緩和。消毒・鎮静作用。

その他の利用法
薬用。

● *memo* ●
併用すると効果が減少する薬あり。睡眠薬によっては併用しないこと。

　セントジョーンズワートは日本にも多く生息する多年草（和名セイヨウオトギリソウ）で、タンニン、黒紫色素のヒシペリン、フラボノイドなどを含みます。ハーブティーにすると、やわらかな甘い香りに爽快感があり、クセのない、すなおな味です。ハチミツなどの甘みを加えてもよいでしょう。

　色素成分のヒシペリンには、睡眠ホルモンのメラトンをふやす働きがあり、不眠症やうつ症状の改善、ストレス解消に効果的とされています。不安やイライラから解放されれば、自然にプラス思考に導いてくれます。そんなことから、ヨーロッパでは「ハッピーハーブ」の俗称で親しまれています。アイスティーにしても効果は変わらないので、寝苦しい夏の夜の就寝前におすすめです。

　服用することで、強心薬、免疫抑制薬、気管支拡張薬などの効果が減少することがあるので注意。併用してはいけない睡眠薬があります。

ST. JOHN'S WORT
学名：Hypericum perforatum
オトギリソウ科・多年草
利用部分：葉
原産地：アルバニア、ヨーロッパ
栽培：株分けがむずかしいことがある。

EYEBRIGHT
アイブライト

目の健康維持に効果が高く、花粉症の症状もやわらげる

薬効
強壮作用。収斂作用。消炎作用。目の筋肉の緊張、感染症、アレルギー症状の緩和。

その他の利用法
薬用。

　アイブライトは、やせた牧草地や荒れ地に生えるイネ科やカヤツリグサ科の植物の根から養分を補給して成長します。中世から薬として用いられ、名前からもうかがえるように、主に目の薬とされてきました。赤い縞模様が入る淡い色合いの花が、充血した目にたとえられたりします。

　目にかゆみがあるときにこのハーブを使った洗浄液で目を洗うと症状がおさまります。充血や炎症をやわらげ、疲れ目にも効きます。目の健康を維持し、視力が落ちるのを防ぐ効果もあるといわれます。

　さわやかでクセのない風味のアイブライトのお茶は、カゼやアレルギーによる目のかゆみ、鼻水などの症状を緩和する効果があります。花粉症で悩んでいる人は、一度試してみてください。

EYEBRIGHT
学名：Euphrasia rostkoviana
ゴマノハグサ科・一年草
利用部分：葉
原産地：ヨーロッパ
栽培：半寄生性の植物なので栽培は困難。

OREGANO
オレガノ
疲れぎみのときに、食後に飲むのがおすすめ

薬効
強壮・鎮静・殺菌作用。血液浄化作用。筋肉のケイレン、生理不順の緩和。

その他の利用法
料理。入浴剤。

　独特の香りがするオレガノは料理用のハーブの定番の一つで、イタリア料理には欠かせません。ドライハーブのほうが青くささがなくて、甘みが強くなります。
　オレガノのお茶は、ほのかな苦みがさわやかに感じられ、すっきりしたあと味。多少刺激的ですが、ペパーミントなどよりはずっとマイルドです。強壮効果があるので、疲れぎみのときに飲むとよいでしょう。鎮静効果もあり、神経の疲れや神経性の頭痛をやわらげてくれます。胃腸の調子を整えて消化を促進するので、食後のお茶にもぴったり。せきをしずめる効果や、生理不順をやわらげる効果もあります。
　トマト料理には欠かせないほか、チーズや豆類などとも相性がよく、地中海料理やメキシコ料理でもよく使われます。ワイルドマジョラムとも呼ばれます。

OREGANO
学名：Origanum vulgare
シソ科・多年草
利用部分：葉
原産地：メキシコ、ヨーロッパ
栽培：寒さにも強く、育てやすい。

SIBERIAN GINSENG
シベリアンジンセング
宇宙飛行士が体力づくりに使う無味無臭のハーブティー

薬効
肉体的・精神的ストレスの緩和。気管支炎、感染症に効果的。不眠症の特効薬。強壮作用。

その他の利用法
薬用。

　シベリアンジンセングは、根に含まれるエクセロサイドという成分の薬効が注目されています。肉体と精神の両面のストレスをやわらげるとともに、ストレスへの耐性を強くするからです。ロシアでは、アスリートや宇宙飛行士の体力づくりに使われています。すぐれた強壮効果や脳を覚醒させる効果があり、スタミナも向上させます。チェルノブイリの原発事故のあとには、放射線病の治療に用いられました。

　香りや味がないので、シベリアンジンセングのお茶はブレンドティーにして飲みます。コレステロール値や血圧を調整してくれるので、重大な病気の予防効果も期待できます。感染症の症状を抑える作用は、カゼをひいたときにも有効です。同じような薬効のあるジンセング（ヤクヨウニンジン）にくらべ、入手しやすく、副作用ははとんどありません。

SIBERIAN GINSENG
学名：Eleutherococcus senticosus
ウコギ科・落葉低木
利用部分：根
原産地：中国、シベリア
栽培：耐寒性があり、やせた土地でも育つ。

SWEET CLOVER
スイートクローバー
親しみやすい味で、血管を丈夫にする「静脈の強壮剤」

薬効
緊張性頭痛、神経痛、動悸、充血性月経痛、筋肉の硬直の緩和。鎮痙・鎮痛・消炎・充血除去・利尿作用。消化不良、頭痛の緩和。殺菌効果。リンパの流れをよくする。

その他の利用法
薬用。パップ。

● *memo* ●
血液凝固障害のある人は服用しないこと。

　ヨーロッパからアジアにかけて広く分布し、荒れた土地にも成育するハーブ。スイートクローバーのお茶は、甘い草のような香りがし、ウーロン茶に似た親しみやすい味です。
　このハーブは、「静脈の強壮剤」ともいわれるほど血管に強く働きかけ、静脈瘤の改善、血栓の予防に効果を発揮します。そのほか、血液循環の不調によって引き起こされる多くの症状をやわらげてくれます。効きめのおだやかな鎮静剤としても使われます。強い鎮静剤はこわい、と感じる人におすすめです。血液凝固障害の病歴がある人は、飲んではいけません。
　メリロットとも呼ばれ、チーズフォンデュなどに使われるグリュイエールチーズや、ウオツカ、ビールなどに香りをつけるために使われます。

SWEET CLOVER
学名：Melilotus officinalis
マメ科・一〜二年草
利用部分：茎、葉
原産地：ヨーロッパ、アジア
栽培：半日陰でも育つ。

Vol.2　Herb Catalogue

JUNIPER BERRIES
ジュニパーベリー
余分な水分や毒素を排出する、香り高いハーブティー

薬効
脂肪沈着を防止。消毒・消化作用。ニキビにも効果的。利尿・解毒作用。

その他の利用法
料理の香りづけ。エッセンシャル・オイルも薬効が高い。

memo
妊娠中や腎障害のある人は服用しないこと。

　ヨーロッパ、北アメリカなどに広く分布するジュニパーの球果が薬用酒に用いられるようになったのは、1500年代のこと。利尿作用が目的でしたが、マツヤニにも似た独特の香りが人気を呼び、スピリッツとして世界的に広まりました。これが、ジンの起源です。
　ジュニパーベリーのお茶は、引きしまった風味の中にほのかな甘さがただよい、すっきりしたあと味がします。強い利尿作用と解毒作用があり、体内の余分な水分や毒素を排出してくれるので、痛風やリウマチに効くことが古くから知られています。尿道炎や膀胱炎にも効果的です。ただし、妊娠中や腎臓に障害のある人は服用しないでください。
　肉をスモークするときに、葉や枝を使うこともあります。かつてフランスの病院では、空気の浄化の目的でジュニパーの葉や枝を燃やしていました。

JUNIPER BERRIES
学名：Juniperus communis
ヒノキ科・常緑高木
利用部分：球果
原産地：イタリア、ヨーロッパ
栽培：挿し木で苗を育て、庭に植えつける。

103

SAW PALMETTO
ソーパルメット

健康茶として注目される、洋酒の香りがするお茶

薬効
気管支炎緩和。鎮咳作用。ぜんそくに効果的。膀胱炎、前立腺肥大による頻尿の緩和。利尿・殺菌・鎮静作用。

その他の利用法
薬用。

memo
排尿時の痛み、血尿、前立腺の腫れがあるときは医師の診断を受けること。

　北アメリカに自生するヤシ科の常緑低木で、ヨーロッパでは薬用にされています。
　カゼや気管支炎によるせきを抑える働きもありますが、近年ソーパルメットが注目されているのは、前立腺肥大による頻尿をやわらげる効果です。ヨーロッパでは治療薬として使われ、日本でもソーパルメットを用いた健康食品が薬局で売られています。社会の高齢化に伴って前立腺肥大に悩む人が急増していることも影響しているのでしょう。
　ソーパルメットのお茶は、洋酒のような香りで、味はほとんどありません。好みのハーブとブレンドして飲むとよいでしょう。前立腺肥大の予防効果が期待できますが、排尿時に痛みがあるとき、血尿が出るとき、前立腺が腫れて痛むときなどは、医師の診断を受けてください。

SAW PALMETTO
学名：Serenoa serrulata
ヤシ科・常緑低木
利用部分：実
原産地：北アメリカ
栽培：寒さや乾燥には強いが、
　　　家庭での栽培には向かない。

BURDOCK
バードック
おなじみの野菜がすぐれた薬効のお茶に

薬効
解毒作用。利尿作用。発汗作用。強壮作用。血液浄化作用。カゼやインフルエンザの予防。膀胱炎や尿路結石の治療薬。

その他の利用法
パップ。外用薬。

　バードックは、ゴボウのこと。調理して食べても、豊富な食物繊維が便通を促して腸内の毒素を排出させるヘルシーな食品として知られています。

　根を乾燥させたものは、古くから薬として用いられています。強い利尿作用と発汗作用が体の毒素を追い出すと考えられ、関節炎、リウマチなどに効くとされました。外用薬として用いると、皮膚病を抑える強い効果があります。

　バードックのお茶は香ばしい風味がありますが、味はほとんどしません。ブレンドティーで楽しむのが一般的です。ハーブティーにしても、すぐれた解毒作用、利尿作用、発汗作用があり、カゼをひいたときや体がだるいときにおすすめです。座骨神経痛や腰痛をやわらげる効果もあります。

BURDOCK
学名：Arctium lappa
キク科・二年草
利用部分：根
原産地：ヨーロッパ
栽培：家庭での栽培には向かない。

CHASTE TREE
チェストツリー
ヨーロッパで古くから愛されてきた女性の味方のお茶

薬効
生殖器の強壮作用。マラリアの予防。呼吸困難、カゼによるせきの緩和。細菌性の下痢に効く。ほてりや更年期障害の緩和。

その他の利用法
薬用。

　チェストツリーは、女性ホルモンのバランスを調整する効果があることが知られているハーブで、過剰な性欲を抑制するために男性に用いられた時代もありました。ビテックスとも呼ばれてヨーロッパでは古くから人気が高く、現在では世界各地で広く栽培されています。日本に移入されたのは明治中期で、和名はセイヨウニンジンボクです。

　乾燥させた種を使うチェストツリーのお茶は、少し苦みがあります。飲みにくいようなら、ブレンドティーにするか、少量のハチミツなどで甘みを加えます。

　ホルモンに働きかけるので、主として女性特有の病気に効果があり、生理痛や生理不順、更年期障害の諸症状をやわらげます。授乳期には母乳の出をよくします。カゼなどによるせきを抑え、細菌性の下痢にも効きます。

CHASTE TREE/VITEX
学名：Agnus-castus
クマツヅラ科・落葉低木
利用部分：種
原産地：ヨーロッパ
栽培：街路樹などによく用いられる。
　　　家庭での栽培には向かない。

ANGELICA
アンゼリカ

根から葉までさまざまな薬効がある大型ハーブ

薬効
ぜんそくや気管支炎による痰をとり除く。肝臓や子宮の働きを助ける。女性ホルモンの調整。

その他の利用法
リウマチや関節炎の外用薬。

memo
飲みすぎないこと。妊娠中は服用しないこと。

ハーブとしては大ぶりで2mぐらいまで成長し、葉も大型です。かつては聖なる力を持つと考えられ、薬効が広いハーブとして知られていました。アンゼリカは、葉、茎、種子も薬用にされますが、根は特に薬効が強く、重用されています。

アンゼリカのお茶は、いかにも苦そうな香りがしますが、飲んでみるとクセのない味です。気管支の炎症をやわらげる効果が強く、血行をよくして体を温める効果があるので、カゼをひいたときにおすすめです。肝臓や子宮に働きかける効能もあるので、生理痛や月経前症候群の症状も緩和します。作用が強いので、飲みすぎないこと。妊娠中の使用は避けてください。

アンゼリカの仲間は東洋医学でも用いられ、なかでもチャイニーズアンゼリカの根を乾燥させた「当帰」(とうき)は、女性特有の病気に効く漢方薬として知られています。

ANGELICA
学名：Angelica archangelica
セリ科・二年草
利用部分：根
原産地：ヨーロッパ
栽培：半日陰の湿気のある土地を好む。

ALFALFA
アルファルファ
おなじみの健康野菜のすぐれたパワーに注目

薬効
カルシウム、マグネシウム、カリウム、βカロチンなどを多く含む。利尿作用。膀胱炎に効果的。便秘解消。

その他の利用法
料理。健康飲料。外用薬。入浴剤。

　アルファルファは地中海にほど近い西アジアが原産とされ、何世紀にもわたって利用されてきたハーブです。和名をムラサキウマゴヤシといい、牧草として明治初期に導入されました。カルシウム、カロチンなどが豊富に含まれる健康野菜で、最初に発見したアラブ人が「植物の父」と呼んで重用したといわれます。

　ハーブとして使うアルファルファはサラダ用に使うモヤシを成長させたもので、緑色の葉の部分を利用します。

　フレッシュでもドライでもハーブティーで楽しめ、風味が少し緑茶に似ているので、日本人向きです。豊富な栄養素が、疲労回復に効果を発揮します。利尿作用があるので体のむくみをとり、血中コレステロールを減らす効果もあるといわれています。

　外用薬や入浴剤としても利用すると、筋肉痛やリウマチの痛みを緩和する効果もあります。

ALFALFA
学名：Medicago sativa
マメ科・多年草
利用部分：葉
原産地：アメリカ、西アジア、ヨーロッパ
栽培：栽培は簡単。

ELECAMPANE
エルキャンペーン

のどの痛みをやさしくやわらげてくれるハーブティー

薬効
抗菌・去痰作用。免疫系の活性化。無月経の治療。

その他の利用法
抽出液。

　カタカナ表記がいろいろで、エリキャンペーン、エレカンペ（ー）ンなどと書かれることもありますが、すべて同じものです。ヨーロッパからアジア北部にかけて広く分布し、日本には明治中期に移入されました。和名では、オオグルマと呼ばれます。

　生のときにはバナナのような甘い香りがするエルキャンペーンの根は、古くから呼吸器系や消化器系の疾病の治療に用いられてきました。抗菌作用が強く、結核の治療薬にされていたこともあります。無月経の治療にも用いられました。

　エルキャンペーンのお茶は香りはほとんどありませんが、かなり苦みが強いので、ブレンドティーにするほうがよいでしょう。のどの痛みがあるときに飲むと、炎症をやわらげてせきを止め、痰をとり除いてくれます。免疫力を高めるので、強壮作用も期待できます。

ELECAMPANE
学名：Inula helenium
キク科・多年草
利用部分：根
原産地：東ヨーロッパ、北アジア
栽培：花壇などに植えられる。

CARDAMON
カルダモン
食欲がないときにおすすめのスパイシー風味のお茶

薬効
軽度の興奮作用がある。発汗作用があり、カゼのひきはじめに効果的。

その他の利用法
スパイス。

　カルダモンは、最も古い時期から使われてきたスパイスの一つで、サフラン、バニラなどと並ぶ、高価なスパイスの代表格です。原産地であるインドでは、コショウを「スパイスの王様」、カルダモンを「スパイスの女王」と呼び、カレー料理に欠かせない重要なスパイスと位置づけています。北インドでは、料理のベースになるスパイスミックスのガラムマサラに、必ずといってよいほどカルダモンが入ります。

　非常に強いスパイシーな芳香があり、消化を促進する成分を多量に含んでいるので、高い食欲増進効果があります。種子はかむと口臭が消えて息が甘い香りになるので、食後のにおい消しとしてもポピュラーです。

　カルダモンのお茶は、ショウガに似た刺激的な風味でほのかな甘みがあります。飲んだあとの清涼感が強く、消化促進の効果があるので、食後のお茶にぴったりです。胸やけがするときや、胃がもたれるときに試してみてください。いれる前に中の種が見える程度に割っておくと、エキスが出やすくなります。クセが強いお茶なので、ブレンドティーにするとよいでしょう。インドでは、紅茶にカルダモンなどのハーブとミルクを加えてマサラティーにするのが一般的な飲み方です。

　カルダモンの種は、歓待のシンボルといわれます。これは、アラビアの砂漠の遊牧民であるベドウィン族の習慣に由来するとか。ベドウィン族は、来客をもてなすためにカルダモンコーヒーをいれる前に、ブレンドする種を見せます。上質のカルダモンを使っていることが、歓待の気持ちをあらわすのです。カルダモンコーヒーは個性の強い風味があり、中近東でも広く愛飲されています。

CARDAMON
学名：Elettaria cardamonum
ショウガ科・多年草
利用部分：種
原産地：グアテマラ、インド
栽培：家庭での栽培には向かない。

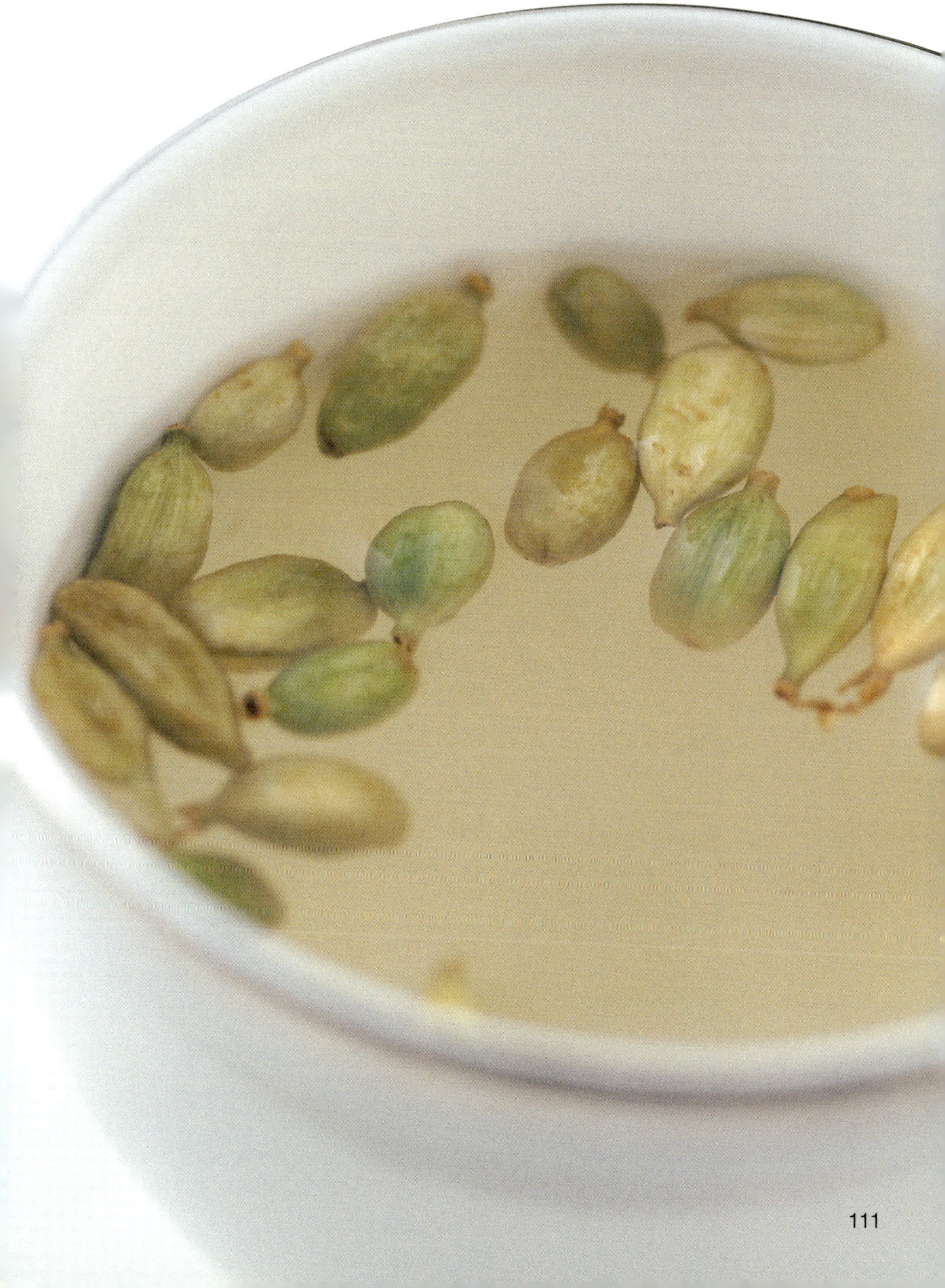

CARAWAY
キャラウェイ
食欲がないときやおなかが張っているときにおすすめ

薬効
食欲増進、消化促進。吐きけを抑制。去痰作用。母乳の出をよくする。

その他の利用法
スパイス。駆虫剤。

　独特の香りがあるキャラウェイの種は、石器時代から料理に用いられたといわれます。現在でも、スパイスとして中央ヨーロッパなどでよく使われ、キャベツを酢漬けにするザワークラウトにも欠かせないスパイスです。お菓子やチーズ、リキュールなどの香りづけにも使われます。

　香りに甘みがあってクセのないキャラウェイのお茶には、消化を促進して腸内ガスを減らす効果があります。食欲増進の効果もあるので、おなかが張って食欲がわかないときなどにおすすめです。

　キャラウェイにはこのほかにも薬効があり、煎じ薬はせきや痰を抑える効果があるので、カゼ薬として用いられてきました。母乳の出をよくする効果があるので、妊婦に愛用されたことでも知られています。

CARAWAY
学名：Carum carvi
セリ科・一～二年草
利用部分：種
原産地：オランダ、ヨーロッパ
栽培：中性からアルカリ性の土を好む。

CLOVE
クローブ

吐きけや胃のムカつきをやさしくやわらげてくれる

薬効
歯痛、胃痛の緩和。吐きけの抑制。食欲不振や消化不良を解消。胃を温める。消毒・抗菌作用。デオドラント効果。

その他の利用法
香味料。殺虫剤。

　高価なスパイスですが人気は高く、熱帯の沿岸地方で盛んに栽培されています。和名はチョウジで、中国ではつぼみを乾燥させたものを丁香（ちょうこう）と呼び、漢方薬にも用います。釘のような形に特徴があり、オレンジに刺してハリネズミ状にしたポプリはポマンダーと呼ばれ、西洋では伝統的な芳香剤です。浸出液は、歯痛のときに塗る特効薬とされてきました。

　クローブのお茶はやや甘みがあり、スパイシーな香りには、ちょっと薬くさい感じがあります。飲みにくさを感じるようなら、香りづけに甘みの強いハーブとブレンドして楽しみましょう。吐きけを抑える効果が強いので、胃がムカつくときなどにおすすめです。鎮痛効果と殺菌効果があるので、クローブのお茶を飲んでも、歯痛を抑える効果が期待できます。

CLOVE
学名：Syzygium aromaticum
フトモモ科・常緑低木
利用部分：つぼみ
原産地：マダガスカル、インドネシア
栽培：家庭での栽培には向かない。

CINNAMON
シナモン

お菓子に使われる甘い風味が体をじんわりと温めてくれる

薬効
殺菌効果。吐きけを抑制。ガスを出やすくする。血圧降下作用。カゼの初期症状の緩和。

その他の利用法
お菓子。飲料。

● *memo* ●
妊娠中は摂取しないこと。

　シナモンは、クスノキ科の常緑高木の樹皮を乾燥させたハーブで、古くから世界じゅうで使われてきました。スリランカが原産でセイロンシナモンとも呼ばれ、15～16世紀の大航海時代に、東洋を目ざした探検家たちが先を争って求めたスパイスの一つといわれます。

　シナモンによく似たハーブにカシアがあります。こちらは中国が原産とされるのでチャイニーズシナモンとも呼ばれ、聖書にも登場するほど古い歴史があります。漢方薬のケイヒ（桂皮）になるのも、こちらのほうです。

　シナモンとケイヒの区別は厳密なものではなく、世界じゅうの多くの国で同様に使われています。日本では、両方ともニッキという名で親しまれています。

　独特のスパイシーな香りで知られるシナモンは、ブレンドティーで飲むのが一般的です。スティックのままで用いる場合と、パウダー状にして用いる場合があります。シナモンスティックを紅茶やコーヒーに添えて香りを楽しむ飲み方は、日本でもおなじみです。

　シナモンには、体を温める強い効果があります。消化を助け、胃腸の調子をおだやかに整えてくれるので、下痢や腹痛をやわらげてくれます。おなかの調子がよくないときにおすすめです。特におなかを冷やしてしまったときにシナモンのお茶を飲むと、抜群の効果があります。

　強力な子宮収縮作用があるので、妊娠中は避けてください。

　アジアやアフリカでは、シナモンを料理に用います。特に、羊肉のくさみを抑える使い方が多いようです。欧米では、ケーキやクッキーなどのお菓子の材料として広く活用されています。

CINNAMON
学名：Cinnamomum verum
　　　（C. zeylanicum）
クスノキ科・常緑高木
利用部分：樹皮
原産地：インドネシア、スリランカ
栽培：家庭での栽培には向かない。

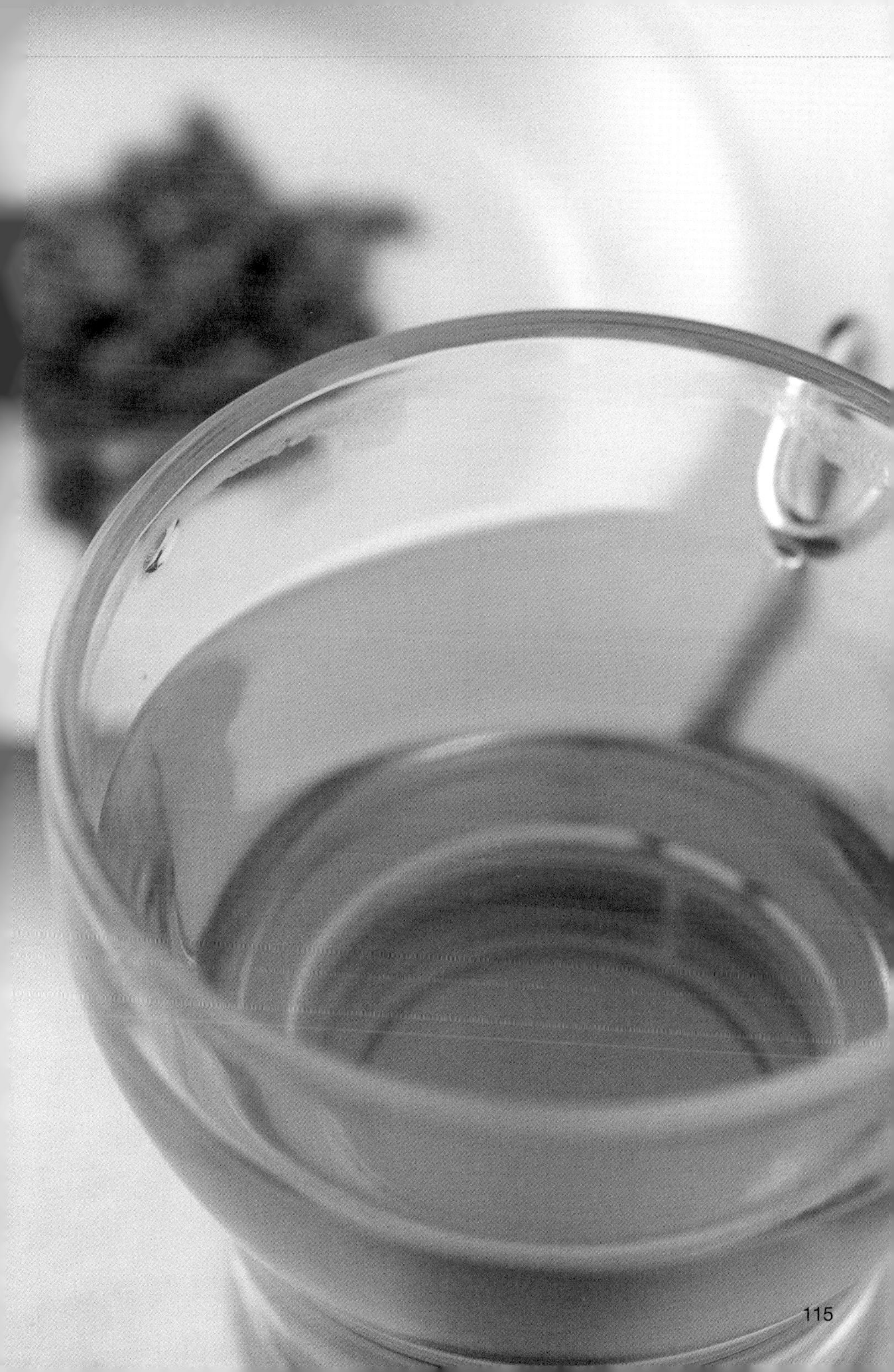

GINGER
ジャンジャー
古くから知られている民間薬の代表格

薬効
消化促進。腹痛、つわりを解消。カゼの症状の緩和。殺菌作用。

その他の利用法
香辛料。

＊memo＊
消化性潰瘍があるときは飲みすぎないこと。

　日本では、カゼをひいたときにショウガ湯を飲む風習が古くからありました。西洋ではジンジャーエールを飲みます。体を温める効果が強いので発汗作用や消化促進の作用があり、カゼの症状をやわらげてくれます。

　スパイシーで辛みのあるジンジャーは、吐きけを抑える効果が強いことでも知られています。むかつきがあるときにジンジャーのお茶を飲むと、消化を助けて症状を楽にしてくれます。特に、つわりによる吐きけがあるときにはおすすめです。胎児に影響を与える危険のある市販薬と違い、おだやかな効きめがあります。ただし、消化性潰瘍があるときには飲みすぎないこと。
　アジアでは、料理のスパイスとして広く使われます。生の状態で使うことが多いようですが、西洋では乾燥させたものをパンやお菓子の材料にすることが多いようです。

GINGER
学名：Zangiber officinale
ショウガ科・多年草
利用部分：根
原産地：インド、東南アジア
栽培：土の乾燥を嫌う。

STAR ANISE
スターアニス
アジアンスパイスのお茶でおなかの調子を整えてキレイに

薬効
消化促進。吐きけ、腹痛の解消。せきやカゼの諸症状の緩和、軽減。母乳の出をよくする。殺菌作用。

その他の利用法
香辛料。

中国料理の代表的な香辛料、漢方薬の一種として知られる八角(はっかく)のことです。刺激的な甘い香りがフェンネル(P50参照)と似ているため、大茴香(だいういきょう)とも呼ばれます。

中国南部、ベトナム原産の常緑広葉樹で、樹齢6年にして初めて実を結びます。東南アジア特有のスパイスとして利用されてきましたが、16世紀にヨーロッパに渡り、星形をした実の形状と、ハーブのアニスと似た香りから、スターアニスと呼ばれるようになりました。

スターアニスのお茶は、個性的でスパイシーな香りと、甘みと苦みが同居したような風味が特徴です。コーヒーにスターアニスの粉末を加えて香りづけをすると風味が深くなります。消化器系や呼吸器系に効果的とされ、体を温める作用があるので、カゼのひきはじめにおすすめです。

STAR ANISE
学名:Illicium verum
モクレン科・常緑高木
利用部分:種、袋果(たいか)
原産地:中国など
栽培:家庭での栽培には向かない。

Herb Catalogue　Vol.2

SUMMER SAVORY
サマーセボリー
洗練された強い香りで、食後のお茶におすすめ

薬効
消化促進。ダイエットを助ける。腸内ガスの発生を抑制。

その他の利用法
料理。

memo
妊娠中は飲みすぎないこと。

　サマーセボリーは、新しい畳のような強い芳香と、ミントに似た刺激的なテイストが特徴です。強い香りを生かして、ドレッシングやソース、ビネガーなどの香りづけに用いられるほか、プロヴァンス料理のミックススパイスに含まれています。フランス、ドイツ、スイスなどでは「豆のハーブ」と呼ばれ、サラダ用にゆでるときから煮込み料理まで、あらゆる豆料理の名脇役です。

　ピリリとした刺激的な香味のサマーセボリーのお茶は、消化を促進し、腸内ガスを減らす効果があります。あと味がさわやかなので、食後のお茶におすすめです。妊娠中の飲みすぎは避けてください。

　近縁種に野性的な強い香りが特徴のウインターセボリーがあり、内臓料理やチーズ類に利用されています。

SUMMER SAVORY
学名：Satureja hortensis
シソ科・一年草
利用部分：葉
原産地：アメリカ
栽培：少しやせた土地を好む。

column

ハーブの全容を もっとよく知るために、 ハーブガーデンに 出かけてみましょう

ハーブの専門店に出かけて、好みのドライハーブを選び、自宅で楽しむ。これはこれで十分に楽しいけれど、やはり風にそよいで花を咲かせている姿を見てみたい、と思ったら、気軽にハーブガーデンに出かけてみましょう。

全国には意外なほどたくさんの本格的なハーブガーデンがあり、何百、何千種類が植えられているところも珍しくありません。季節によって、可憐な花を一面に咲かせている美しい景色に出会えることもあります。

また、多くのハーブガーデンでは、鉢植えのハーブのほかに、自分のところで採れたハーブを使って作られたハーブティーをはじめとするオリジナル商品が、種類多く売られています。アロマテラピー用のオイルやキャンドルなどのほかに、

column
ハーブガーデンで過ごすヒーリングホリデイ

ハーブ入りのキャンディーやチョコレート、珍しいところでは「ラベンダーのソフトクリーム」などというものまであります。

ハーブガーデンの中に、ハーブティーやハーブを使った料理を楽しめるスペースを設けているところも少なくありません。週末の一日を、いつもと違ったかたちでリフレッシュしたいと考えている人におすすめの休日の過ごし方です。

本書の巻末P173を参考に、あなたの家から近いハーブ園に出かけてみましょう。このページで掲載しているのは、熱海にある「アカオハーブ&ローズガーデン」。伊豆の美しい海を臨む山の

●アカオハーブ＆ローズガーデン
静岡県熱海市曽我1024-1
☎0557-82-1221

　中腹にある10haの敷地内には、起伏のある地形を生かす形で、ローズガーデン、日本庭園などとともにハーブガーデンが広がっています。

　こで植えられているハーブは1500種類以上。セージだけでも数十種類あるそうです。園内は、一定の時間おきに循環バスが走っており、好きなところでおりて、心ゆくまで植物や庭を楽しむことができます。

　パスタやハーブティーが楽しめるレストラン、多種類のハーブの鉢植えを選んで買うことのできるショップなど、ゆっくりと時間を過ごすことができるスポット。首都圏からの気軽に出かけられるハーブ園です。

SERPYLLUM
セルピルム

味や効能はタイムに似ていて、風味がぐっとまろやか

薬効
消化促進。腸内ガスの軽減。殺菌・鎮静作用。二日酔いの解消。インフルエンザ、咽頭炎の治療。アレルギー症状の緩和。

その他の利用法
香味料。薬用。

　セルピルムはタイム（P90参照）の仲間で、ワイルドタイム、クリーピングタイムとも呼ばれます。日本に自生するイブキジャコウソウの近縁種で、和名はヨウシュイブキジャコウソウです。地面をはうように横に広がるので、20cm間隔ぐらいで苗を植えると、成長して、じゅうたんのようになります。初夏にピンク色や淡紫色の花が咲きます。

　タイムと同様に、呼吸器系や消化器系に働きかけるハーブです。セルピルムのお茶は、せきや痰でのどに不快感があるときや、おなかが張っているときに効果があります。鎮静効果もあるので、就寝前のお茶にもおすすめです。さわやかでスパイシーな風味ですが、タイムのお茶にくらべると刺激が少なくて飲みやすいハーブティーです。アレルギーや花粉症の症状をやわらげる効果もあります。

SERPYLLUM
学名：Thymus serpyllum
シソ科・多年草
利用部分：葉
原産地：フランス
栽培：約10cm高さで横に広がる。

MATE
マテ
ダイエットにも向く、南アメリカで定番のお茶

薬効

強壮効果。ビタミンA・B群・Cを含む。食欲を抑え、頭をすっきりさせる。緩下・利尿作用。美肌・ダイエット効果。

その他の利用法

薬用。

南アメリカで愛飲されているマテ茶は、アルゼンチンでは最もポピュラーな飲み物として知られています。非常に栄養価が高く、かつては壊血病の民間療法に用いられていたほどです。マテ茶には2種類あり、グリーンマテ茶は煎茶に近いマイルドな風味で、ローストした葉でいれるブラックマテ茶はほうじ茶に近い風味です。

ビタミン、鉄分、カルシウムが豊富で強壮効果があり、美肌効果も期待できます。「飲むサラダ」ともいわれるのは、食物繊維が豊富なことから。食欲を抑制する効果があって脂肪の代謝を促進するコリンを含むので、ダイエットにもおすすめです。

南アメリカでは、ヒョウタンを乾燥させて作ったシマロンという容器にマテ茶を入れ、先端に茶こしのついた金属製のパイプを差し込んで飲んだりします。

MATE
学名：Ilex paraguarienesis
モチノキ科・常緑低木
利用部分：葉
原産地：地中海沿岸、南アメリカ
栽培：家庭での栽培には向かない。

MULLEIN
マレイン

呼吸器系に働きかける、愛煙家におすすめのハーブ

薬効
消化器系の不調を解消（下痢の緩和）。腹痛、せきを伴うインフルエンザに効果的。鎮痙作用。

その他の利用法
薬用。

　ヨーロッパやアジアに自生する二年生の多年草で、綿毛に包まれた丈夫な茎が成長すると2mにもなります。かつては呼吸器系の病気の治療に用いられ、薬用タバコにマレインの葉を加えてぜんそくや結核の患者に吸引させました。葉には防腐、殺菌の作用があるので、保存のために果物などを包むのにも利用されました。

　マレインのお茶はクセのない味で、やわらかな甘みがあとに残ります。のどの炎症を抑え、痰をとり除く効果があるので、のどがかれているときや痛みがあるときに効果的。愛煙家におすすめしたいハーブティーです。ケイレンをしずめる作用もあるので、激しくせき込むような症状もやわらげてくれます。濃いめにいれてうがい薬にするのも効果的です。消化器系の不調にも働き、腹痛や下痢の症状を抑えます。

MULLEIN
学名：Verbascum thapsus
ゴマノハグサ科・二年草
利用部分：葉
原産地：ヨーロッパ、アジア
栽培：砂利の多い斜面。

GYMNEMA
ギムネマ
ダイエットの強い味方。甘いものがやめられない人に

薬効
糖分吸収の抑制。栄養補給。血糖値の安定化。成人型糖尿病予防。肥満予防。

その他の利用法
栄養補助食品。

　東南アジアなどの熱帯・亜熱帯に広く自生しているギムネマは、ダイエットにすぐれた効果があり、近年注目を浴びています。主成分であるギムネマ酸が、腸内で糖分の吸収を抑える働きをします。血糖値を下げる作用もあり、肥満や糖尿病の防止に高い効果があるといわれます。

　ギムネマのお茶は、さわやかな香りで緑茶に少し似たクセのない味です。このハーブティーを飲むと、舌にある甘みを感じる味覚細胞の働きを一時的に鈍くするため、甘いものを食べてもおいしく感じなくなるといわれます。腸にも舌にも働きかけることから強いダイエット効果があるとされ、お茶だけでなく、ギムネマを使ったタブレットや飴なども市販されています。ただし、効能を過信してはいけません。

GYMNEMA
学名：Gymnema sylvestris
ガガイモ科・多年草
利用部分：葉
原産地：インド
栽培：家庭での栽培には向かない。

Herb Catalogue Vol.2

HOPS
ホップ
ビールの材料として知られるハーブは、夕食後にブレンドティーで

薬効
鎮静・催眠・殺菌・収斂・消化促進作用。腹痛の緩和。緊張性の頭痛。

その他の利用法
ポプリ。香料。

＊memo＊
うつ病の症状のある人は服用しないこと。

　ツル性の多年草で栽培の歴史は古く、ビールの苦みのもととして知られています。雌雄異株で、ビールに使われるのは雌株だけです。イギリスのエール（ビールの一種）には、伝統的に用いられません。鎮静効果があるので不眠症の治療に用いられ、ホップの花を枕に入れた安眠枕も広く利用されてきました。中枢神経に働きかけ、緊張や不安をやわらげてリラックスさせてくれます。

　ホップのお茶は味がほとんどなく、香りはビールより少しツンと来る感じで、少し苦みがあります。消化促進作用もあるので、おなかが張っているときなどに飲むのもよいでしょう。ブレンドティーにして、夕食後に飲むのがおすすめです。消化不良を解消し、深い眠りに誘ってくれます。中枢神経に弱い抑制作用を及ぼすので、うつ病の症状がある人は服用しないでください。

HOPS
学名：Humulus lupulus
クワ科・多年草
利用部分：花
原産地：アメリカ、西アジア
栽培：取り木、挿し木は簡単。

PAPAYA LEAVES
パパイヤリーフ

人気のトロピカルフルーツはタンパク質を強力に分解する

薬効
浄血作用。消化促進作用。腸内寄生虫駆除作用。

その他の利用法
お菓子。デザート。ジュース。

熱帯や亜熱帯地方に自生するパパイヤは、トロピカルフルーツとして人気があります。東南アジアでも非常に人気の高いフルーツで、タイでは熟す前の青いパパイヤを料理に使ったりもします。日本でもこのフルーツのおいしさが知られるようになり、パパイヤのジュースやプリン、タブレットなども見かけるようになりました。

パパイヤに豊富に含まれるパパインという酵素は、タンパク質の分解や、代謝を強く促進する働きがあります。やや黄色っぽいパパイヤのお茶は、カシワの葉のような香りがし、やや苦みがあります。消化を助ける効果が大きいので、おなかがもたれる感じのある人は、食後に飲むのがおすすめです。血糖値を下げる効果もあるといわれます。

PAPAYA LEAVES
学名：Carica papaya
パパイヤ科・常緑高木
利用部分：葉
原産地：インド
栽培：家庭での栽培には向かない。

BARBERRY
バーベリー

お酒の飲みすぎが気になる人におすすめのハーブティー

薬効
胆汁分泌促進作用。制吐作用。肝機能の正常化。抗菌・抗炎症作用。胆嚢の炎症を抑制。胆石に効果的。

その他の利用法
薬用。食用。

memo
妊娠中の服用は避けること。

　バーベリーは、古代エジプトのころから、薬用にされていたハーブです。根だけではなく、果実や樹皮にも薬効があり、さまざまな病気の治療に用いられてきました。根は肝臓に効くといわれ、古くからアルコールの飲みすぎなどが原因の肝臓病の治療薬に用いられてきました。

　やや黄色いバーベリーのお茶は、香りはほとんどありません。やや苦みが強いので、ブレンドティーにして飲むほうがよいでしょう。肝機能を正常にし、胆汁の分泌を促進します。抗菌、抗炎症の作用があるので、胆嚢の炎症や胆石にも効果的です。ただし、妊娠中の服用は避けること。

　食用にもされる果実は、しぼり汁が歯ぐきを丈夫にする効能があります。冷却作用があり、かつては解熱剤として用いられました。樹皮には、血管を拡張させる効能があります。

BARBERRY
学名：Berberis vulgaris
メギ科・落葉低木
利用部分：根
原産地：インド、北アメリカ
栽培：家庭での栽培には向かない。

CHICORY
チコリ
人気のサラダ野菜は、根に多くの薬効あり

薬効
消炎・強壮・緩下作用。消化・肝機能促進。抗菌作用。血液浄化・利尿作用。気管支の炎症や貧血に効く。

その他の利用法
料理。薬用。

チコリは、独特の香味と苦みがあるサラダ野菜で、古代ギリシャ・ローマ時代から食用にされていました。近年は日本でも知られるようになり、スーパーなどで見かけるようになりました。見た目はちょっとハクサイに似たところがあります。人気のある西洋野菜のエンダイブも、チコリの仲間です。

チコリの根のお茶は香ばしくてほろ苦く、コーヒーをソフトにしたような風味です。気管支の炎症や貧血に効き、利尿作用がむくみなどの症状をやわらげます。体内から尿酸を排出させるので、膀胱炎にも効果的です。

ダンディライオン（P42参照）の根と同様に、炒るといっそうコーヒーの味に近づきます。コーヒーの風味をマイルドにするので、古くからコーヒーにブレンドして飲まれてきました。

CHICORY
学名：Cichorium intybus
キク科・二年草
利用部分：根
原産地：ヨーロッパ
栽培：耐寒性もあり、育てやすい。

Herb Catalogue Vol.2

FEVERFEW
フィーバーフュー
解熱作用が強く、偏頭痛のひどい人にもおすすめ

薬効
解熱・消炎作用。血管拡張作用。生理痛、吐きけの緩和。冷え性、疲労回復に効果的。

その他の利用法
駆虫剤。入浴剤。

＊memo＊
妊娠中、抗凝血薬服用中は飲まないこと。

　北アメリカやヨーロッパに広く自生し、日本でも和名のナツシロギクで知られています。名前の由来についてはいくつかの説があり、「febrifuge（解熱剤）」がなまったものともいわれますが、「fever（熱）」を「few（少ない）」の状態にするもの、という説が有力です。名前からもうかがえるように解熱効果が強く、古代から薬として用いられてきました。頭痛に効くことでも知られ、医学界でも認められています。

　フィーバーフューのお茶はさわやかな香りがあり、かすかに苦みがあります。カゼやインフルエンザなどで熱があるときや、頭痛がするときにおすすめです。よく耳鳴や偏頭痛の症状が出る人も、試してみる価値があります。ただし、妊娠中は使用しないこと。また、血液凝固を引き起こす可能性があるので、抗凝血薬服用者も避けてください。

FEVERFEW
学名：Tanacetum parthenium
　　　（Chrysanthemum parthenium）
キク科・多年草
利用部分：葉
原産地：北アメリカ、ヨーロッパ
栽培：高温多湿を嫌う。

OAT
オートムギ
栄養価の高さで再評価されているハーブ

薬効

発汗作用。消化促進。うつ症状、カゼ、皮膚炎、痔の緩和。ガスを出やすくする。

その他の利用法

シリアル。オートミール。

オートムギは北欧の伝統食で、おかゆのようにして食べるオートミールは、欧米では朝ごはんとして人気がありました。さまざまな種類のシリアルなどにとってかわられた感がありますが、高い栄養価が再評価されつつあります。多量に含まれている繊維質のオートファイバーに、血中コレステロールを下げる働きがあり、特にオートブラン（ひいたあとに残る皮の部分）は、その効果が高いといわれます。

オートムギのお茶はふんわりとした草の香りがし、かすかに苦みのある、クセのない味です。ビタミンB群やE、ミネラル、タンパク質が豊富で強壮効果が強く、体を温めてくれます。疲れぎみのときや、カゼをひいたときにおすすめです。皮膚炎や痔にも効くといわれます。

OAT
学名：Avena sativa
イネ科・一年草または多年草
利用部分：全部
原産地：アメリカ
栽培：日本では関東以北で栽培される。

BILBERRY
ビルベリー

視力回復効果があり、イギリス空軍でも愛用されたといわれるハーブ

薬効

視力回復作用。毛細血管の強化作用。消炎・殺菌作用。糖尿病予防。眠け防止。

その他の利用法

薬用。

memo

長期間に及ぶ大量摂取は避けること。適量を守れば心配ない。

視力回復に効果があるハーブとして知られています。太平洋戦争のときに、イギリス空軍では夜間飛行するパイロットにビルベリーのジャムが配られたといわれます。殺菌作用が強いことから、ヨーロッパでは古くから薬用にされてきました。特に泌尿器の殺菌に強く働くので、膀胱炎などに用いられました。毛細血管を強くするので、静脈の疾患にも効果があります。

ビルベリーの葉を使ったお茶は、草の香りがあり、やや甘みと酸味がある味です。目の疲れているときに飲むとよいでしょう。特に、暗くなると視力が落ちる気がする人におすすめです。眼病予防の効果もあります。血糖値を下げる効果もあるといわれ、糖尿病の治療薬としての研究も進められています。

市販の抽出液は安全ですが、葉の長期の大量摂取は避けましょう。

BILBERRY
学名：Vaccinium myrtillus
ツツジ科・落葉低木
利用部分：葉
原産地：ヨーロッパ
栽培：家庭での栽培には向かない。

SKULLCAP
スカルキャップ
神経の強壮効果が疲れた神経をほぐしてくれる

薬効

鎮静作用。神経強壮作用。不眠症の改善。生理痛やストレスによる筋肉の緊張を緩和。

その他の利用法

薬用。

　スカルキャップは、花の形がつばのない帽子のように見えるところから名づけられました。北アメリカのバージニア地方が原産地といわれ、バージニアスカルキャップとも呼ばれます。アメリカの先住民族が狂犬病などの治療薬にしていたもので、ヨーロッパで用いられるようになったのは、比較的最近です。鎮静効果があり、発作やヒステリー症状、アルコール依存症の禁断症状をやわらげる効果があります。

　スカルキャップのお茶は、さわやかな香りで少し苦みがあります。神経に働きかけるのでリラックス作用があり、神経が張りつめて寝つけないときなどにおすすめです。

　同属のコガネヤナギの根は、中国では黄芩（おうごん）と呼ばれ、呼吸器系や消化器系の熱をとり去る薬として用いられます。

SKULLCAP
学名：Scutellaria lateriflora
シソ科・多年草
利用部分：葉
原産地：北アメリカ
栽培：湿気のある森林。

Herb Catalogue Vol.2

HYSSOP
ヒソップ
古くから親しまれてきた、薬効の高いハーブティー

薬効
鎮痙作用。発汗作用。鎮静作用。気管支炎、のどの炎症、カゼによるせきや鼻づまりの緩和。食欲増進。

その他の利用法
料理。香料。園芸用。

memo
妊娠中の人と高血圧の人は服用しないこと。

　南ヨーロッパから中央アジアに分布するハーブで、薬効は古くから知られていました。「神聖なハーブ」を意味するギリシャ語が語源で、紀元前のヘブライ語の賛美歌の中に「聖なるもの」として歌われているといわれ、聖書にも登場します。ただし近年は、この時代にヒソップと呼ばれていたのはマジョラム（P54参照）の変種とする説が有力です。

　中世には、芳香剤のかわりに用いる習慣が上層階級から一般家庭にまで広がり、このハーブの香りがどこにでもただよっていたこともあるといわれます。

　薬用としても歴史は古く、葉は外用薬としても用いられ、打ち身や外傷の治療薬にされました。花で作るシロップも、せき止めの薬として珍重されました。殺菌作用や抗ウイルス作用もあり、エッセンシャル・オイルは皮膚病などの治療にも用いられます。

　ハーブティーの薬効も知られ、気管支系と消化器系に働くと考えられてきましたが、リウマチの治療などにも用いられました。

　ヒソップのお茶は、かすかに甘い香りがし、クセのない味で、あと味はさわやかです。カゼやインフルエンザによるのどの痛み、鼻づまり、せきなどの症状をやわらげてくれます。特に、痰がからむときには効果的です。濃いめにいれて、うがい薬にしてもよいでしょう。消化不良でおなかが張っているときにもおすすめです。ただし、妊娠中の人と血圧の高い人は服用を避けてください。

　紫、白、ピンクと花の色が何種類かありますが、いずれも美しく、育てやすくて丈夫なので園芸用としても人気があります。さわやかな香りが、料理やリキュールの香りづけとしても人気の高いハーブです。

HYSSOP
学名：Hyssopus officinalis
シソ科・多年草
利用部分：葉、花
原産地：アメリカ、南ヨーロッパ、中央アジア
栽培：根腐れしやすいので水はけのよい土で。

Herb Catalogue Vol.2

WORMWOOD
ワームウッド
独特の苦みが胃腸を丈夫にしてくれる

薬効
強壮作用。カゼの緩和。消炎作用。抗炎症・殺菌作用。消化器官・胆嚢・血液の強壮作用。不純物の排除。解熱作用。

その他の利用法
防虫剤。薬用。

● *memo* ●
妊娠中は服用しないこと。

　ヨーロッパ原産の多年草で、日本に移入されたのは江戸末期といわれます。和名はニガヨモギ。「ワーム」は英語で「虫」の意味で、防虫、駆虫の効果が強いことから、この名がついたそうです。消化を助け、胃腸を丈夫にするなど、多くの薬効が知られていました。

　ワームウッドのお茶は、草のようなやわらかな香りですが、かなり苦みがあります。さわやかな苦みなのであと味はサッパリしますが、ブレンドティーにしたほうがよいでしょう。ただし、妊娠中の服用は避けること。

　かつてはこのハーブを用いた「アブサン」という60度を超える度数のリキュールがフランスで大流行しましたが、幻覚症状を伴う禁断症状などが問題になり、製造禁止になりました。現在出回っているものは製法が違い、ほかのハーブを使っています。

WORMWOOD
学名：Artemisia absinthium
キク科・多年草
利用部分：葉
原産地：ヨーロッパ
栽培：栽培は簡単。

Vol.2　Herb Catalogue

CELERY SEEDS
セロリシード
おなじみの野菜に似た風味で、利尿作用と消化促進効果あり

薬効

利尿作用。鎮静作用。解毒作用。食欲増進作用。消化不良改善。関節炎やリウマチ、痛風、カゼの緩和。月経の誘発。

その他の利用法

料理。ジュース。

memo

妊娠中は飲みすぎないこと。

スモーレッジとも呼ばれるセロリは、スープやサラダ、いため物など、多彩な料理に使われ、種や実もスパイスとして使われます。食用になったのは17世紀になってからといわれ、それまでは古代エジプト以来、薬として用いられてきました。根や葉にも薬効がありますが、最も利用されてきたのは根です。強い利尿作用があるので腎臓を掃除し、消化促進にも大きな効果があると考えられました。

セロリのお茶の風味は生のセロリと似ていますが、ずっとまろやかで飲みやすい味です。おなかがもたれるときや、むくみが気になるときに飲むと、症状をやわらげてくれます。リウマチや痛風の痛みを楽にする効果もあります。滋養効果があり、疲れぎみのときにもおすすめです。子宮刺激作用があるので、妊娠中には飲みすぎないでください。

CELERY SEEDS

学名：Apium graveolens
セリ科・二年草
利用部分：種
原産地：インド
栽培：沼沢地帯で栽培される。

VALERIAN
バレリアン

神経や筋肉の緊張をほぐす「天然の鎮静剤」

薬効

鎮静作用。催眠作用。鎮痙作用。血圧降下作用。抗ガン作用。不眠症の解消。リラックス効果。不安神経症の緩和。ガスを出して腹痛の緩和。

その他の利用法

香水。薬用。

memo

飲みすぎや長期服用を避けること。

　バレリアンは、ヨーロッパから西アジアにかけての山地に自生しているのを見かけるハーブです。ラテン語の「valere（健康である）」が属名の由来といわれ、それがほぼそのまま英語名になっています。すぐれた薬効があって古くから薬に用いられていたことがうかがえる名前です。「天然の鎮静剤」とも呼ばれる強い鎮静効果は、特に神経の緊張をやわらげる効果があります。

　ヨーロッパでは伝統的に不安神経症の治療に用いられ、近代になっても根強い人気がありました。イギリスでは弾丸恐怖症などの戦争神経症の兵士の治療に用い、第二次世界大戦までは、このハーブの専門農園があったほどです。根にはジャコウのようなきつい香りがあり、中世にはスパイスや香料としても人気があったといわれます。

　バレリアンのお茶は、ちょっと土くさいような感じの、刺激のある香りです。味には少し苦みがありますが、あと口はスッキリしています。不安感や緊張が原因で眠れないときや、眠りが浅いときにおすすめのお茶です。神経をしずめて気持ちをおだやかにし、神経性の高血圧の症状もやわらげてくれます。筋肉の緊張もやわらげるので、疲労回復効果もあり、ストレスが原因の過敏性腸症候群、胃ケイレン、生理痛にも効果的です。体質によっては頭痛や動悸などを引き起こすことがあるので、飲みすぎや、長期にわたる服用は避けてください。外用薬として、筋肉のケイレンや外傷にも用いられます。

　ネズミがこの根の香りを好むことから、かつてはネズミとりのエサに使われました。マタタビに似た効果もあるとされ、ネコもこの香りを好みます。

VALERIAN

学名：Valeriana officinalis
オミナエシ科・多年草
利用部分：根
原産地：インド、ヨーロッパ
栽培：湿った肥沃な土を好む。

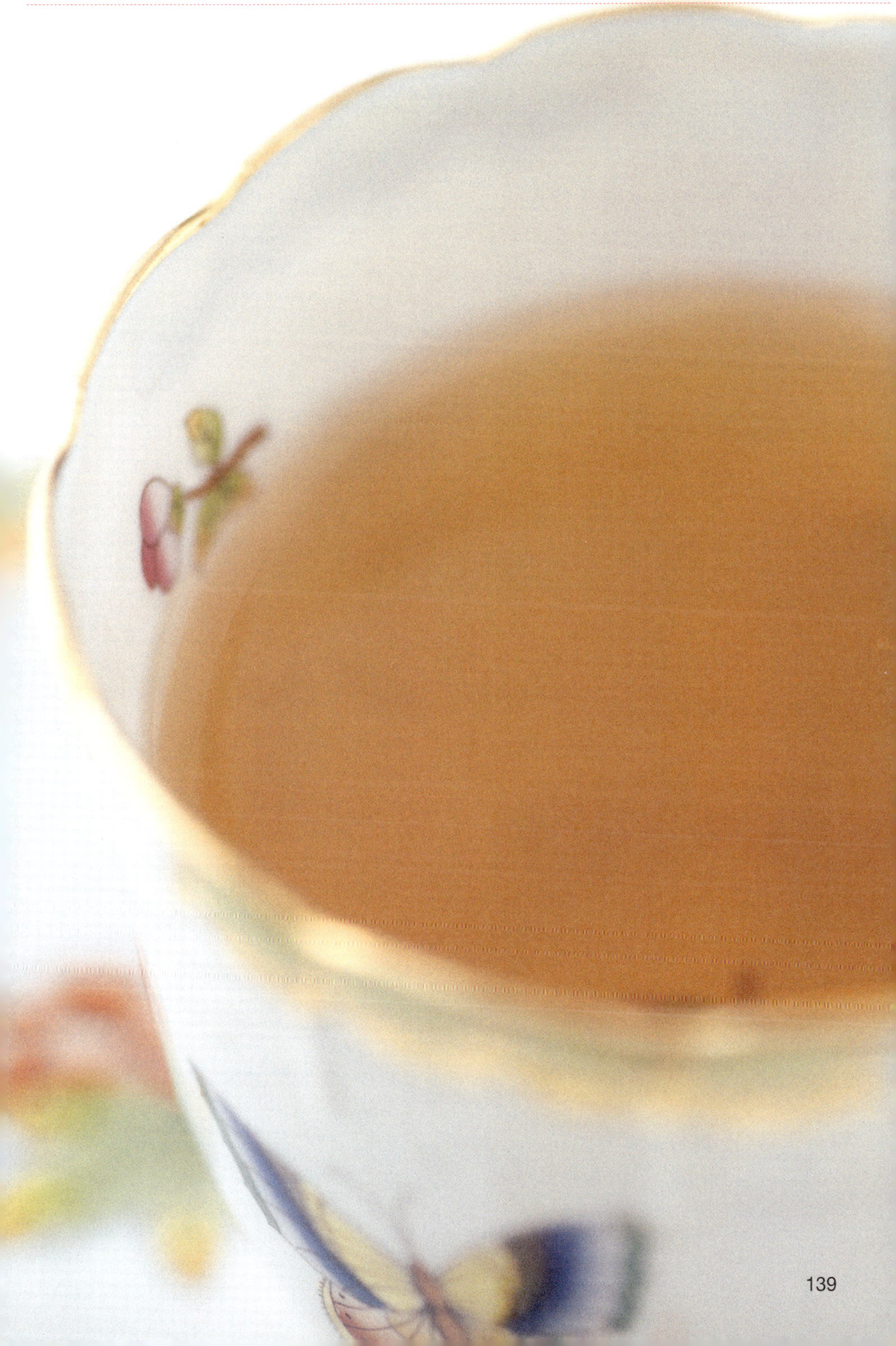

Herb Catalogue Vol.2

GOTU KOLA
ゴツコーラ
血流をスムーズにするハーブは脳の働きも活性化する

薬効
利尿・解毒・消炎作用。免疫強化作用。緩下作用。神経系のバランスを整える。去痰作用。産後の強壮。

その他の利用法
薬用。

● *memo* ●
飲みすぎに注意。妊娠中の服用は避けること。

　ゴツコーラは、原産地のインドでは伝承医学のアーユルヴェーダで伝統的にとり入れられています。東洋医学では長寿のハーブとされ、中国でも紀元前から用いられていたといわれます。薬効は非常に幅広く、西洋ではリラックス作用、記憶力の向上効果などが注目されています。センテラという呼び方をされることも多く、和名はツボクサです。

　最近の研究では、血管を丈夫にして血流をスムーズにする効果が高いことがわかってきました。血管の病気、高血圧、肝臓病などの治療にも用いられ、カゼなどの発熱によるウッ血をやわらげます。

　草の香りがさわやかなゴツコーラのお茶は、クセのない飲みやすい味ですが、飲みすぎると頭痛やめまいを引き起こす可能性があるといわれます。妊娠中の服用は避けること。

GOTU KOLA
学名：Centella asiatica
セリ科・多年草
利用部分：葉
原産地：インド
栽培：湿った草地を好む。

Vol.2　Herb Catalogue

DILL
ディル
鎮静作用がおだやかで、幼児にも用いられてきた

薬効

カゼの緩和。芳香作用。鎮静・鎮痙作用。利尿作用。腹痛の緩和。口臭解消。消化器官機能改善。母乳の出をよくする。ガスを出やすくする。しゃっくり、胃痛の緩和。

その他の利用法

料理。パン。お菓子。薬用。

「なだめる」という意味の古代北欧語に由来する名前が示すとおり、鎮静効果が知られています。全草がハーブとして料理に用いられます。種や実はピクルスに欠かせない材料で、パンや焼き菓子などにも使われます。

茎はスープや魚料理に。葉はサラダやソースの香りづけなどに用いられ、独特の風味が大活躍します。

ディルのお茶はややクセのある草の香りがしますが、味にはクセがなくて、さっぱりとしています。鎮静効果とともに、胃腸の調子を整える働きも知られているので、おなかがもたれて寝つけないときになどにはうってつけです。

むずかる幼児にこのハーブティーを飲ませる習慣も古くからありましたし、授乳期の母親が飲むと母乳の出がよくなりました。大切な時期の母と子の強い味方として珍重されたお茶です。

DILL
学名：Aniethum graveolens
セリ科・一年草
利用部分：葉
原産地：アメリカ
栽培：土は特に選ばない。

Herb Catalogue Vol.2

RED CLOVER
レッドクローバー
やさしい風味のハーブティーは、のどの調子がよくないときに

薬効
利尿作用。鎮痙作用。消炎作用。関節炎の緩和。精神安定作用。腫瘍の成長抑制。抗炎症の浄化薬として使われる。抗凝血作用があり、冠動脈血栓に効果的。のどの不快症状をとる。

その他の利用法
薬用。

　ヨーロッパ原産のレッドクローバーは日本にも帰化していて（和名ムラサキツメクサ）、牧草としておなじみのハーブです。薬としての歴史は古く、古代ローマ時代にさかのぼるといわれます。健康促進効果が高い強壮剤として用いられることが多かったようですが、呼吸器系に働いてせきを止め、痰をとり除く効果もあるといわれました。

　レッドクローバーのお茶は、かすかに草の香りがし、やわらかな甘みが感じられます。のどの調子がよくないときにおすすめのハーブティーです。ほかにも多くの効能があり、カゼやインフルエンザの症状の緩和にも役立ちます。1930年ごろから、ガンの治療薬として注目され始めました。抗ガン成分が確認され、現在でも乳ガンの治療に使われています。多年草ですが2年目以降は成育が悪くなるので、毎年種をまくほうがよいでしょう。

RED CLOVER
学名：Trifolium pratense
マメ科・多年草
利用部分：花
原産地：ヨーロッパ
栽培：暑さに弱い。

BLUE VERVAIN
ブルーバーベイン

神経に働き、精神的な疲労をやわらげてくれる

薬効

鎮静・鎮痙・発汗作用。神経消耗、うつ病の緩和。止血効果。不眠症の改善。生理痛の緩和。母乳の出をよくする。神経性の頭痛の治療。泌尿器疾患、胃腸のケイレンを緩和。歯肉炎に効果的。

その他の利用法

薬用。園芸用。

バーベインは、古代ギリシャ・ローマ時代の神事に欠かせなかったハーブで、薬草としても珍重されました。キリストの出血を止めるのに用いられたとされ、神聖なものとされていました。ブルーバーベインはこのバーベインの仲間で、よく似た薬効があります。

やさしい草の香りがするブルーバーベインのお茶は少し苦みがあるので、ブレンドティーにするか、ハチミツなどで甘みを加えたほうがよいかもしれません。

神経の強壮効果があり、精神的な疲労をやわらげます。鎮静効果もあるので、疲れがたまって眠れないときにおすすめです。うがい薬にすると、歯肉炎にも効きます。肝臓や胆嚢の機能を助ける働きも期待できます。妊娠中には飲みすぎないこと。

BLUE VERVAIN

学名：Verbena hastata
クマツヅラ科・多年草
利用部分：地上部
原産地：アメリカ
栽培：よく目立つ花が長期間咲くので花壇などにも。

CHILI
チリ

トウガラシのヘルシー効果が期待できるハーブティー

薬効
強壮作用。消化不良の解消。カゼの諸症状の緩和。ビタミンCの補給。血行促進。感覚神経を興奮させる。食物の殺菌効果。

その他の利用法
料理。薬用。

トウガラシ属の植物は世界じゅうで料理に使われていますが、スイート（辛くないもの）とホット（辛いもの）に大別できます。ハーブティーに用いるのは、トウガラシとしておなじみのホットタイプです。独特の辛さとともにすぐれた薬効が知られ、強力な発汗作用や新陳代謝促進作用によるダイエット効果も注目されています。

チリのお茶は、香りはほとんどありませんが、トウガラシそのもののような辛さがあります。濃さを調節して、ハチミツなどで甘みを加えるほうがよいでしょう。料理に用いたときと同様の薬効があり、食欲増進や消化促進にすぐれた効果を発揮します。ビタミンCなどの成分が豊富なので、カゼの諸症状も緩和します。やや意外な感じもしますが、のどの炎症や声がれをやわらげるのにも効果的です。

CHILI
学名：Capsicum frutescens (C. minimum)
ナス科・多年草
利用部分：実、種
原産地：中国、中南米
栽培：ナス科なので、連作には向かない。

GINKGO
ギンコウ
歴史的に貴重なハーブが血流をスムーズにしてくれる

薬効
せき止め。ぜんそくの緩和。抗酸化作用。循環器系刺激作用。循環器系疾患、静脈瘤、不整脈の緩和。ガン予防。去痰作用。耳鳴りの軽減。集中力向上。

その他の利用法
薬用。

GINKGO
学名：Ginkgo biloba
イチョウ科・落葉高木
利用部分：葉
原産地：中国
栽培：家庭での栽培には向かないが、並木などによく用いられる。

ギンコウは、和名でイチョウと呼んだほうがなじみやすいかもしれません。2億年以上の歴史を持つハーブですが、現在では野生のものはほとんどなく、東洋の寺社などで見られるものだけといわれます。寿命が非常に長く、長いものは4000年も成育するとか。中国では数千年前からせき止め、ぜんそくなどの治療に用いられ、長期間服用しても副作用がない安全な薬として珍重されてきました。

ギンコウのお茶はやや薬っぽい香りがしますがクセのない飲みやすい味で、アレルギー症状をやわらげるのに効果的です。血管を拡張して血流を促進する効果が強いので、さまざまな疾患の予防のほか、老化防止の効果も期待できます。アルツハイマー型痴呆の症状を緩和する効果も、研究が進められています。

Herb Catalogue Vol.2

ウバ
UVA
利尿作用と殺菌作用が内臓の病気にも効く

薬効
利尿作用。抗菌作用。むくみの解消。頭痛の治療。ダイエット効果。

その他の利用法
染料。薬用。

UVA
学名：Arctostaphylos uva-ursi
ツツジ科・常緑低木
利用部分：葉
原産地：カナダ
栽培：家庭での栽培には向かない。

ウバ茶といえば、紅茶を思い浮かべる人が多いでしょう。スリランカのウバ地方産で、中国のキーモン、インドのダージリンと並ぶ三大紅茶の一つです。

しかし、ハーブティーのウバのお茶はまったくの別物。ベアベリー、ウバアーシーなどとも呼ばれるツツジ科のハーブです。日本では、クマコケモモとかウワウルシなどと呼ばれます。

ウバのお茶は香りはほとんどなく、味にかすかな苦みがあります。利尿作用と抗菌作用が強いので、膀胱炎や腎炎の痛みをやわらげる効果があります。余分な水分を排出するので、体のむくみをとり、ダイエット効果も期待できます。

中世のころから薬用にされていたといわれ、アメリカの先住民族はタバコの材料にしたといわれます。

CATNIP
キャットニップ
薬効が幅広く、マイルドなハッカの風味で飲みやすい

薬効
カゼ、インフルエンザなどの緩和。鎮痙作用。収斂作用。小児下痢に効果的。頭痛や頭皮の炎症の軽減。

その他の利用法
薬用。

CATNIP
学名：Nepeta cataria
シソ科・多年草
利用部分：葉
原産地：アメリカ
栽培：耐寒性があり、育てやすい。

　キャットニップの根や葉は、ハッカのような香りがします。この香りをネコが好むことから名前がつきました。ネコが近づいてくるため、ネズミよけの効果があります。ハーブティーとしても人気が高く、古代ローマ時代から飲まれていて、中国茶が普及するまでは日常のお茶として飲んでいた国もあるとか。

　キャットニップのお茶は、ミントのハーブティーを弱くしたような風味です。さわやかさでは劣りますが、その分、飲みやすく、ブレンドティーにもしやすいお茶です。薬効は幅広く、発汗作用があるので解熱効果があり、鎮静作用、消化促進作用にもすぐれています。のどの痛みを抑える効果もあるので、カゼぎみのときにおすすめです。

　和名はイヌハッカ。ネコハッカにすべきところが日本に移入されたときまちがって伝えられ、そのまま定着してしまいました。

YELLOW DOCK
イエロードック

便秘や貧血などの体質を改善する効果が期待できる

薬効
体質改善作用。胆汁分泌促進作用。貧血、便通の改善。

その他の利用法
薬用。外用薬。

YELLOW DOCK
学名：Rumex crispus
タデ科・多年草
利用部分：根
原産地：アメリカ
栽培：雑草に近いものなので、栽培には向かない。

　帰化植物のイエロードックは繁殖力が強いために荒れ地でも成育し、日本じゅうに分布しています。ナガバギシギシという風変わりな和名がついています。

　イエロードックは胆汁の分泌を促進する作用があるので、肝臓の機能を高めます。便秘の薬にされるダイオウ（大黄）と同様に、腸を刺激して便通を促すアントラキノンという成分を含みます。そのため、ダイオウの代用品として用いられることもありますが、作用がずっとゆるやかで、自然な便通が期待できます。

　イエロードックのお茶は、ちょっとスパイシーな香りで味はほとんどありません。あと口に少し苦みが残ります。鉄分が多いので、貧血の改善にも効果的です。

　外用薬として、発疹などの皮膚病の治療にも使われます。

CHIVES
チャイブ
おだやかな刺激の風味でさまざまな薬効がある

薬効
食欲増進作用。貧血予防。ビタミンC、鉄分補給。消化促進作用。カゼ、インフルエンザの緩和。

その他の利用法
料理。薬用。

CHIVES
学名：Allium schoenoprasum
ユリ科・多年草
利用部分：葉
原産地：アメリカ
栽培：水はけのよい土を好む。

チャイブの正式な和名はエゾネギですが、風味が近縁種のアサツキとほとんど変わらないため、セイヨウアサツキとも呼ばれます。フランス名のシブレットもポピュラーな呼び方です。ニンニクやニラの仲間なので高い栄養価があり、風味にはさほど刺激がないのでどんな料理にも使われるあたりも、アサツキと同様です。

チャイブのお茶は、香りも味もアサツキを思わせます。おだやかな刺激が食欲を増進させ、消化促進の効果もあるので、食前のお茶にピッタリです。食事中や食後に飲むのもよいでしょう。

特にビタミンCと鉄分を豊富に含むことで知られ、貧血予防の効果もあります。頭痛や発熱をやわらげる働きもあり、カゼやインフルエンザの諸症状を抑えるのにも効果的です。

Herb Catalogue Vol.2

WILD CHERRY
ワイルドチェリー
強い苦みがあるが、せき止めの効果は絶大

薬効

鎮咳作用。去痰作用。収斂作用。鎮静作用。苦味健胃作用。気管支炎、百日咳、ぜんそく、目の炎症に効果的。

その他の利用法

薬用。ジャム。ワイン。

＊memo＊

眠けを催すので注意。
急性感染症の患者は服用しないこと。

WILD CHERRY
学名：Prunus serotina
バラ科・落葉高木
利用部分：樹皮
原産地：アメリカ
栽培：家庭での栽培には向かない。

　ワイルドチェリーはスモモの仲間に分類されるバラ科の高木で、モモやプラムも同属です。仲間の中でも高く成長する木で、だいたい10～20m、高いものは25mぐらいになります。

　せき止めの特効薬として古くから用いられてきたのは、ワイルドチェリーの樹皮の部分です。特に、刺激性のせきや神経性のせきに効果があります。

　ワイルドチェリーのお茶は、ちょっとショウガを思わせるようなほのかな香りがしますが、えぐみに近い強い苦みがあります。ハチミツなどで甘みを加えたほうがよいでしょう。急性感染症の患者は服用しないこと。眠けを催すことがあるので注意してください。

　黒い果実にはやや苦みがあり、ジャムやワインの材料として利用されます。

WILD YAM
ワイルドヤム
「ヤマノイモは精がつく」は万国共通の生活の知恵

薬効
消炎作用。胆汁分泌促進作用。月経困難症、腸の痛みの緩和。分娩時の収縮痛、更年期障害の緩和。強壮作用。

その他の利用法
薬用。料理。

memo
妊娠中は飲みすぎないこと。

WILD YAM
学名：Dioscorea villosa
ヤマノイモ科・ツル植物
利用部分：根
原産地：アメリカ、メキシコ
栽培：家庭での栽培には向かない。

　筋弛緩作用や抗ケイレン作用があるワイルドヤムは、古くから貴重なハーブとして珍重されてきました。内臓の激しい痛みなどに効くと考えられたのです。

　ワイルドヤムのお茶は少しにごりのあるピンク色で、香りはほとんどありません。やや甘みがありますが、かすかな苦みが長く口の中に残る感じがあります。ブレンドティーで楽しむほうがよいでしょう。滋養強壮効果があるので、疲労感があるときにおすすめです。リウマチの炎症や痛みを抑える効果もあります。筋弛緩作用があるので、妊娠中は飲みすぎないこと。

　中国では、近縁種のナガイモが山薬（さんやく）と呼ばれる重要な漢方薬です。抜群の強壮効果があり、腎臓病、更年期障害など、多くの病気の治療に使われています。

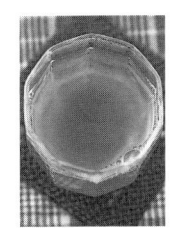

ERICA
エリカ
園芸用としても人気が高く、ミネラルを豊富に含む

薬効
収斂作用。腎臓と尿路の感染症の緩和。強壮作用。

その他の利用法
薬用。園芸用。

ERICA
学名：Calluna vulgaris (Erica vulgaris)
ツツジ科・常緑低木
利用部分：花、葉、茎
原産地：ヨーロッパ
栽培：酸性の土を好む。

　園芸用として人気の高いエリカは盛んに品種改良がされて1000種以上の品種があり、ヒース、ヘザーとも呼ばれます。ヨーロッパの農家にはなじみの深いもので、薬用、ハーブティー、燃料、飼料、屋根を葺く材料などに用いられてきました。利尿、殺菌、鎮静などの作用が知られていますが、泌尿器系に殺菌効果がある成分が含まれているので、腎臓や膀胱の病気の治療薬として使われてきました。
　エリカのお茶は草の香りで、さわやかな苦みがあります。ミネラルが豊富なので強壮効果があり、痛風やリウマチにも有効です。入浴のときにこのハーブを入れると、リウマチの痛みがやわらぎます。殺菌効果があるので、ニキビの治療薬にも用いられます。ハーブティーを洗顔に使っても、同様の効果が期待できます。

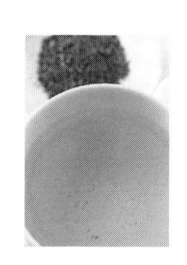

BORAGE
ボリジ

飲みやすい風味で健康増進効果が高い

薬効
発汗作用。解熱・鎮痛作用。去痰作用。強壮作用。消炎作用。アドレナリンの分泌の促進。カリウム、カルシウムが豊富。

その他の利用法
料理。

memo
作用が強いので、一度に飲みすぎないこと。

BORAGE
学名：Borago officinalis
ムラサキ科・一年草
利用部分：葉
原産地：オランダ
栽培：水はけのよい土地で。

中世の時代、ボリジのハーブティーは勇気が出るとされ、試合前の剣闘士が飲んだといわれます。当時の人たちは、このハーブティーが興奮作用のあるアドレナリンの分泌を促進することを、経験的に知っていたのでしょう。多くの薬効があるボリジは、主として解熱、鎮痛などの薬として用いられてきたようです。

ボリジのお茶は、やさしい草の香りで、ほのかな甘みと苦みが感じられます。ミネラルが豊富で健康増進効果がありますが、カゼをひいたときには特におすすめです。発汗を促して熱を下げ、頭痛などの症状もやわらげてくれます。授乳期には母乳の出をよくする効果もあります。作用が強いので、一度に飲みすぎないこと。

キュウリに似た風味があるので、若葉はサラダなどに向きます。

Herb Catalogue **Vol.3**

意外に身近なハーブを知りたい★ハーブティーカタログVol.3

ホーソーン HAWTHORN

学名：Crataegus oxyacantha
バラ科
利用部分：漿果
原産地：ヨーロッパ

薬効

血管拡張による血行促進。血圧の調整。心臓の筋肉の強化。心機能の正常化。ビタミンC、サポニン、ミネラルを含む。消化促進。不眠症。

memo 和名はセイヨウサンザシ。心臓の負担を減らすとともに心臓を丈夫にする働きがある。血圧を正常に戻す働きがあり、低血圧と高血圧の両方に効くといわれる。

ブラックコホシュ BLACK COHOSH

学名：Cimicifuga racemosa
キンポウゲ科
利用部分：根
原産地：北アメリカ

薬効

鎮痙・鎮静作用。リウマチの症状の緩和。抗炎症作用。神経痛の緩和。婦人病の症状の緩和。出産を楽にする。せき止め。ぜんそくの症状の緩和。

memo 北アメリカの先住民族が神経痛、リウマチなどの痛みや炎症を抑えるために使っていたハーブ。大量の服用は避けたほうがよく、妊婦については、陣痛が始まってからの服用は医師に相談すること。

イブニングプリムローズ EVENING PRIMROSE

学名：Oenothera biennis
アカバナ科
利用部分：葉、茎、根
原産地：アメリカ

薬効

消炎作用。血圧調整作用。ホルモン系・コレステロールの調整作用。美肌効果。月経前症候群の緩和。更年期障害の症状の緩和。

memo 妊娠中の大量服用は避ける。血栓症の薬の服用者は飲まないこと。エッセンシャル・オイルは、月経前症候群、皮膚炎などの治療に用いられ、血中コレステロール値を下げる。

コンフリー COMFREY

学名：Sympytum officinale
ムラサキ科
利用部分：葉
原産地：ヨーロッパ

薬効
呼吸器系の症状の緩和。胃潰瘍などの消化器系の疾患の改善。

memo
大量の服用は避ける。外用薬として骨折や傷にも用いる。カルシウムなどのミネラルやビタミンを豊富に含み、サラダなどの料理にもよく使われる。

ジャスミン JASMINE

学名：Jassminum officinale
モクセイ科
利用部分：花
原産地：インド、東南アジア

薬効
リラックス作用。鎮静・抗うつ作用。下痢・腹痛の緩和。

memo
紅茶やウーロン茶と相性がいい。ただし、中国茶のジャスミンティーなどに一般的に用いられるのは同属異種のアラビアンジャスミン（マツリカ）のこと。

メドウスイート MEADOWSWEET

学名：Filipendula ulmaria
バラ科
利用部分：葉、花
原産地：西アジア、ヨーロッパ

薬効
利尿・解熱・鎮痛・殺菌・抗炎症作用。リウマチの症状の緩和。

memo
アーモンドのような甘い香りがし、ジャムなどの香味料にも用いられる。つぼみには鎮痛・解熱剤のアスピリンの原料になるサルチル酸が含まれている。

フェヌグリーク FENUGREEK

学名：Trigonella foenum-graecum
マメ科
利用部分：種、実
原産地：南ヨーロッパ

薬効
呼吸器系の疾患の症状の緩和。去痰作用。母乳の分泌促進。生理痛の緩和。血糖値・血中コレステロール値の低下作用。

memo
カレーなどのスパイスとして知られる。苦みがかなり強いので、フェンネルなどとのブレンドティーやほかに甘みをプラスするものとともに楽しみたい。

アニスシード ANISEED

学名：Pimpinella anisum
セリ科
利用部分：種、実
原産地：シリア、エジプト

薬効
消化促進。腸内ガスを減らす。吐きけを抑える。呼吸器系疾患の症状の緩和。母乳の分泌促進。

memo 独特の風味があり、お菓子や料理、蒸留酒の香りづけなどに広く用いられる。のどの不快症状全般に効くが、特に痰をとり除く作用にすぐれている。

ゴールデンシール GOLDENSEAL

学名：Hydrastis canadensis
キンポウゲ科
利用部分：根
原産地：北アメリカ

薬効
粘膜の炎症を抑える。歯肉炎の予防効果。消化不良や便秘の解消。カゼやインフルエンザの症状の緩和。

memo オーストラリアで発見されたといわれるが、北アメリカの先住民族も薬として利用していたとされている。粘膜の炎症を抑えるので、のどが痛いときにはおすすめ。ほかに歯肉炎などの予防にすぐれているので、濃くいれたティーで口中をすすぐのもよい。

レディスマントル LADY'S MANTLE

学名：Alchemilla mollis
バラ科
利用部分：葉
原産地：東ヨーロッパ

薬効
生理不順の緩和。更年期障害の緩和。食欲増進。

memo 女性によいハーブとして知られるが、妊娠中には服用しないこと。古くは魔力を持つハーブと考えられ、属名の「Alchemilla」は「錬金術」を意味する言葉からつけられた。アラブ諸国では女性の美と若さを保つハーブといわれる。

ミルクシスル MILK THISTLE

学名：Silybum marianum
キク科
利用部分：種、実
原産地：ヨーロッパ

薬効

消化促進。肝機能の向上。肝炎・肝硬変の症状の軽減。母乳の分泌促進。

memo　種、実に含まれるシリマリンという成分が肝機能を向上させる。肝臓に負担をかけるアルコールなどを分解するので、肝臓疾患の症状を抑える。

オリーブ OLIVE

学名：Olea europaea
モクセイ科
利用部分：葉、種、実
原産地：地中海沿岸

薬効

葉＝解熱作用。鎮静作用。
種、実＝便秘の解消。胆汁分泌の促進。コレステロール値を下げる。

memo　最近は日本国内でもオリーブの葉を使ったお茶が作られているので、手に入れやすい。4000年以上前から栽培されていたといわれ、枝は平和のシンボルとして親しまれてきた。オイルも悪玉コレステロールを減らすなどの効能で知られるが、ティーについては妊娠中にはあまり服用しないこと。

ペニーロイヤル PENNYROYAL

学名：Mentha pulegium
シソ科
利用部分：葉
原産地：アフリカ

薬効

発汗・解熱作用。カゼやインフルエンザの症状の緩和。生理不順に。陣痛を促し出産を楽にする。

memo　1週間以上つづけての服用や、妊娠中の服用はしないこと。古くはノミなどの駆虫剤として使われたので、人体にも相応の刺激があるハーブ。ミントの仲間だが、種名の「pulegium」は「ノミ」を意味するラテン語から来ている。

コーンフラワー CORNFLOWER

学名：Centaurea cyanus
キク科
利用部分：花
原産地：温帯地方北部

薬効

消化促進。リウマチの症状の緩和。洗眼薬として眼精疲労・結膜炎などに。

memo
和名はヤグルマギク。夏期に青いきれいな花が咲く。青色の顔料はインクや薬品に用いられる。最近は、紅茶とブレンドして飲むのもポピュラーなメニュー。洗眼薬、マウスウォッシュとして使えば、結膜炎や口内炎を抑える効果も。

サフラワー SAFFLOWER

学名：Carthamus tinctorius
キク科
利用部分：花
原産地：地中海沿岸

薬効

鎮静作用。血行促進。血圧降下作用。婦人病の症状の緩和。

memo
和名はベニバナ。日本国内でも山形県の特産品として知られる。血液の流れをよくすることや鎮静作用があるため、女性にすすめられるハーブだが、妊娠中に服用はしないこと。花は食用にもなり、着色料などにも用いられる。

ホーステール HORSETAIL

学名：Equisetum arvense
トクサ科
利用部分：葉、茎
原産地：ユーラシア大陸

薬効

止血・収斂・利尿作用。つめや毛髪に栄養を与える。皮膚の油脂分を調整する。

memo
和名はスギナ。シリカ（二酸化珪素）を含み、つめ、髪の毛、皮膚、骨などの強化に役立つ。そもそも皮膚や髪の毛の余分な油脂分をとり除く効果が高い。飲料としてよりも、濃くいれたティーを洗髪などに使うほうがおすすめ。

コリアンダー CORIANDER

学名：Coriandrum sativum
セリ科
利用部分：種子
原産地：西アジア

薬効

消化促進。腸内ガスを減らす。鎮静作用。偏頭痛の緩和。

memo
少々クセのある特有の香味があり、葉はエスニック料理に頻繁に用いられる。中華料理では、「シャンツァイ（香菜）」、タイ料理では、「パクチー」と呼ばれ、生で食される。インド料理では、種子をスパイスとしてカレーやガラムマサラに用いる。エッセンシャル・オイルも用途が広い。

チャービル CHERVIL

学名：Anthriscus cereifolium
セリ科
利用部分：葉、茎
原産地：ヨーロッパ

薬効

解毒作用。消化促進。血行促進。

memo
鉄分、マグネシウムなどのミネラルやビタミンが豊富。パセリに似た香りで、料理用のハーブとして人気が高い。イタリア料理や肉料理のお供に。ティーとしては、比較的クセも少なく、さわやかな香りが楽しめる。毒素を排出して体内を浄化する働きが高い。

タラゴン TARRAGON

学名：Artemisia dracunculus varsalira
キク科
利用部分：葉
原産地：中央アジア

薬効

食欲増進。消化促進。利尿作用。体を温める。駆虫剤。

memo
フランスではエストラゴンと呼ばれ、料理に欠かせない。調味料の材料などに使われる。根には歯痛をやわらげる効果がある。体力の低下時に消化促進、食欲増進による強壮効果があることでも知られている。

column

もっとハーブについて知りたい。
和とアジアのハーブ

「ハーブ」とは、香りや薬効のある植物の総称です。
本書のハーブカタログで紹介した以外に、
私たちが食用や民間療法の薬草として、身近に親しんできた
日本のハーブやアジアのハーブに関する情報クリップです。
必ずしもお茶にして用いるものばかりではありませんが、
薬効の参考にしてください。

ワサビ（山葵）
【植物の特徴】
アブラナ科の多年草。日本特産の植物で、ホースラディッシュ（ワサビダイコン）などとも異なる植物。山間の水温の低い清流の水辺に自生し、栽培もされている。根茎は太く、表面に多数の葉痕がある。辛みが強く特有の香気があり、香辛料として用いる。
【効能】
殺菌効果。魚介類のくさみを消し、腐敗を防止する効果がある。発汗を促す効果もある。

ドクダミ
【植物の特徴】
ドクダミ科の多年草。平地の日陰に多く自生している。茎の高さ20～40cm。葉は先のとがった卵心形で、全草に強い異臭がある。6月ころ、円柱状の穂に黄色の小花をつけ、花穂の基部には白色で花弁状の苞葉が4個あるのが特徴。
【効能】
全草に、解毒・整腸・利尿・緩下などの薬効がある。

アロエ
【植物の特徴】
ユリ科アロエ属の多肉植物の総称。原産はアフリカ大陸とされているが、日本国内各地に自生している。日本でも古くから、民間療法で万能薬的に用いられてきた。剣状の葉には、縁にとげがあり、互生または根生する。花は筒形で、総状または散形につく。
【薬効】
葉肉を外傷薬として湿布して用いたり、飲んで健胃剤・整腸剤とする。

サンショウ（山椒）
【植物の特徴】
ミカン科の落葉低木。本州各地の山中に自生しているが、庭木などとして栽植されてもいる。雌雄異株の植物で、葉は羽状複葉、枝にはトゲがある。春には、枝先に緑黄色の小花を密集させて咲かせる。秋には果実が赤く熟し、裂開して黒い種子があらわれるが、これを香辛料として用いる。春の若葉もまた、特有の香気を発し、「木の芽」と呼ばれて和食の香辛料として用いる。
【薬効】
料理の香辛料として用いられる種子に、健胃の薬効がある。

ミツバ（三つ葉）
【植物の特徴】
セリ科の多年草。三つ葉芹（ぜり）とも呼ばれる。日本全国の山中や平地の林に自生しているほか、野菜として栽培されている。葉は柄が長く、小葉3個からなる複葉。夏、白色の小花をた

くさん咲かせる。特有の香りがあり、和食に彩りと香りを添える脇役として、汁物に添えたりする。
【薬効】
ビタミンB群を含むため、疲労回復に効果がある。

コリアンジンセン (朝鮮人参)
【植物の特徴】
ウコギ科の多年草で朝鮮人参として知られる。高麗(こうらい)人参、御種人参(おたねにんじん)、地精などとも呼ばれる。朝鮮半島原産で、薬用植物として広く栽培されてもいる。茎は高さ約70cm。根は元が太いが、先がこまかく分岐しており、白色で独特の香りがある。夏に、茎頂に散形花序を出し、淡緑黄色の小花を多数つける。
【効能】
根の部分に強壮・健胃などの効果がある。漢方薬の主材料としても知られる。

ヘチマ (糸瓜)
【植物の特徴】
ウリ科のつる性一年草。原産は熱帯アジア。日本に渡来したのは、江戸末期といわれており、意外に新しい。雌雄同株で葉は大きく掌状に浅裂している。夏には、黄色の大輪の花をつける。果実は細長い円柱形で深緑色、若いうちは食用になる。茎からヘチマ水をとる。熟した果実は乾燥させて、たわしや繊維をぞうりに加工したりもした。
【効能】
茎からとったヘチマ水は、肌の保湿・清浄に効果があり、化粧水として用いられる。

ゴミジャ (五味子)
【植物の特徴】
「チョウセンゴミシ」の果実のこと。甘・辛・苦・酸・塩の5つの味が含まれているといわれ、これを干したものは漢方薬の材料や果実茶として用いられる。特に韓国では、この果実を煮詰めたエキスを湯にとかして飲む「果実伝統茶」が一般的。
【薬効】
体を温め、気管支炎やぜんそくなどに効果があるといわれる。

ユズ (柚子)
【植物の特徴】
ミカン科の常緑小高木。原産地は中国の長江上流域といわれる。果実は直径5〜8cmの球形で、ミカンと同様に熟すと黄色になるが、表面に多くの突起がある。枝には鋭いトゲがあり、葉は卵形。初夏には白い花を咲かせる。杳気が高く、果汁は酸味が強い。和食の香味づけ、和菓子の材料、果実を煮詰めて湯にとかして飲料とする。
【効能】
体を温め、血行を促す。ビタミンCを含んでいて、カゼの予防にも効果がある。

クコ (枸杞)
【植物の特徴】
ナス科の落葉低木。枝はつる状で細くトゲがあるが、葉は比較的やわらかい。夏には、薄紫色の小花をつける。果実は楕円形で赤く、枸杞子(くこし)と呼ばれて、漢方薬や薬膳料理に広く用いられる。葉も中華料理では食用として用いられることがある。
【薬効】
果実は、目の疲れを癒す効果や、解熱・強壮効果にすぐれている。葉にも、強壮効果があるといわれる。

ナツメ (棗)
【植物の特徴】
クロウメモドキ科ナツメ属の一群の落葉小高木。原産は、ヨーロッパ南東部から中央アジア、中国北部とされるが、広く中近東にも分布している。庭木・果樹として栽培されてもいる。葉は長卵形。初夏には、葉腋に淡黄色の小五弁花をつける。核果は2cmほどの楕円形で、秋に暗紅褐色に熟し、食用とされる。漢方薬の材料にも用いられる。果実の抽出液を染料として用いることもある。
【薬効】
強壮・利尿効果が高い。

効果バツグン！を実感する ハーブティーの ブレンドレシピ

特に女性に多い
体の悩みに効果があるハーブティーの
ブレンドレシピを紹介します。
ブレンドティーを作る際には、
あらかじめ所定の量のハーブを
よくまぜてから、ポットへいれること。
●は割合を示しています。

ぐっすりと眠りたい
――安眠効果

ジャーマンカモミール ― 4 ●●●●
パッションフラワー ―― 2 ●●
スペアミント ―――― 4 ●●●●

memo

1日の疲れや神経の疲れをとってくれるハーブティーです。パッションフラワーは、ヨーロッパでは不眠症の治療薬として使われているハーブなので、効果はかなり期待できます。さらなる安眠効果を望むなら、枕元にラベンダーやレモン系のハーブをおいて。

リラックスしたいときに
――筋肉の緊張やストレスをやわらげる

1

ジャーマンカモミール ― 1 ●
レモンバーベナ ――― 1 ●
リンデン ―――――― 2 ●●
スペアミント ―――― 3 ●●●

memo

甘くすっきりとした香りのよいハーブティーなので、ふだんよく飲むお茶としての定番レシピです。ストレスを強く感じる人に、特におすすめのブレンド。さわやかさをさらにプラスして、飲みやすくするためには、スペアミントのフレッシュをちぎって加えてもよいでしょう。

2

ラベンダー ――――― 1 ●
ローズレッド ―――― 4 ●●●●
ジャーマンカモミール ― 5 ●●●●●

memo

ラベンダーは、眠りを誘うというくらいリラックス効果にすぐれたハーブです。夕食後やお休み前にもよいお茶です。ジャーマンカモミールの香りを強くしてありますが、少し甘みがほしいときは、ハチミツを少量加えてみてください。

むくみをとりたい

ネトル	3	●●●
ジュニパーベリー	1	●
フェンネル	4	●●●●
リンデン	2	●●

memo

ネトルやジュニパーベリーは水分を排出する効果バツグンです。カレーや煮込み料理に用いられるフェンネルは、消化を助け、老廃物を排出させる効果の高いハーブです。ジュニパーベリーは、スプーンで少しつぶすとよく出ます。

目覚めをすっきりとさせたい

ペパーミント	3	●●●
アルファルファ	3	●●●
レモングラス	4	●●●●

memo

ミントやレモンのさわやかな香りは、体をすっきりとさせてくれます。ふだんのお茶として毎食後に飲むと、疲れを感じにくくなります。見た目のリフレッシュ感や香りに厚みを出すために、ペパーミントやレモングラスのフレッシュをプラスするのもおすすめです。

集中力を高めたい

ローズマリー	2	●●
レモングラス	4	●●●●
ペパーミント	4	●●●●

memo

仕事中に飲むのにもよいお茶です。ただし、空腹時にこのお茶だけをたくさん飲むことは避けたほうがよいでしょう。食後のお茶にすると、さわやかな香りと酸味で、口の中もさわやかになります。

便秘解消に

フェンネル	4	●●●●
ローズヒップ	2	●●
オレンジピール	2	●●
レモングラス	2	●●

memo

食事を規則的にし、食物繊維をたくさんとることと合わせて、このお茶を。フェンネルだけでは刺激的な香りが強いので、飲みやすくするために、オレンジやレモン系の香り、ローズヒップの酸味をプラスしています。フェンネルは、カレーなどの料理に用いてもよいでしょう。

月経不順・月経痛などの悩みに

1

ラズベリーリーフ ―― 2 ●●
セージ ―――――― 2 ●●
ハイビスカス ――― 3 ●●●
ローズヒップ ――― 3 ●●●

memo
ラズベリーリーフは、「妊婦のハーブ」ともいわれ、出産を楽にする効果も。ただし、妊娠初期に飲むことは避けてください。ハイビスカス、ローズヒップの酸味で飲みやすくしたブレンドです。

2

ジャーマンカモミール ― 3 ●●●
マリーゴールド ――― 1 ●
ローズレッド ―――― 1 ●
ローズヒップ ―――― 2 ●●
フェンネル ――――― 3 ●●●

memo
鎮静作用とホルモンのバランスを調整する効果のあるジャーマンカモミールは、婦人科の悩みによいハーブです。月経痛をやわらげるためには、ジャーマンカモミールにペパーミントやヤロウをブレンドしたお茶もおすすめです。

食欲不振に

レモングラス ――― 3 ●●●
ペパーミント ――― 2 ●●
クローブ ―――――― 1 ●
バジル ――――――― 3 ●●●
フェンネル ――――― 1 ●

memo
レモングラスのさわやかな酸味は、食欲のないときによい効果をもたらします。タイのスープ、トムヤムクンなどにしていただくのもよいでしょう。ほかに、ミント類や料理用のスパイスとして用いられるクローブ、バジル、フェンネルなどもスープにしてとることもできます。

体を芯から温めたい

ジャーマンカモミール ― 3 ●●●
ジンジャー ―――――― 3 ●●●
シナモン ――――――― 1 ●
カルダモン ―――――― 3 ●●●

memo
体を温めるハーブとして、東洋でもよく用いられるショウガ（ジンジャー）を中心にしたお茶です。カルダモン、ジャーマンカモミールなどポピュラーなハーブ同士のブレンドなので、寒い冬の日やカゼのひきはじめに気軽に作って試してください。

消化不良ぎみ、胃をすっきりさせたい

ペパーミント	2 ●●
レモンバーベナ	2 ●●
レモングラス	3 ●●●
フェンネル	2 ●●

memo

胃のもたれをすっきりさせるのによいのは、さわやかな香りのミント類やレモン系のハーブ。シングルでもよいですが、フェンネルを加えるとより高い効果が期待できます。おなかのあたりに膨満感を感じるときには、このお茶を食後に飲むとすっきりします。

慢性的な肩こりに

ネトル	4 ●●●●
マテ	3 ●●●
ジンジャー	3 ●●●

memo

血行を促進させ、代謝を高める効果のあるハーブのブレンドティー。ネトルには、血液を浄化する作用や肝機能を高める効果もあるといわれ、女性によいハーブです。鉄分の含有量も高いので、貧血ぎみの人や月経のときにもよいお茶です。

美肌効果バツグン！

ジャーマンカモミール	3 ●●●
マリーゴールド	1 ●
ローズヒップ	3 ●●●
ローズレッド	2 ●●
マロウ	1 ●

memo

美肌効果バツグン！と人気急上昇のローズヒップを中心に、女性の体を整える働きのあるハーブをブレンドしたお茶です。鎮静作用の高いジャーマンカモミールをブレンドすることで、飲みやすくなると同時に、吹き出物などを防ぎます。飲み続けると、ツルツルお肌に。

大人のニキビ、吹き出物に

フェンネル	3 ●●●
ジャーマンカモミール	3 ●●●
ネトル	1 ●
ローズヒップ	3 ●●●

memo

体の老廃物を排出する効果の高いフェンネルの働きを高めるように作られたブレンドです。便秘をしがちな人や、腸内にガスがたまりやすい人に特におすすめです。このブレンドにも美肌効果バツグンのローズヒップが加えられています。

疲れやすい、だるい

ハイビスカス	2	●●
ローズマリー	1	●
ペパーミント	1	●
レモングラス	3	●●●
ローズヒップ	3	●●●

memo
疲労物質である乳酸を解消する働きがあるのが、クエン酸です。レモンなどのフルーツをはじめ、ハイビスカスやレモン系のハーブに多量に含まれます。これらのハーブの香りは、脳の中枢神経にも働きかけ、疲労感を除いてくれる働きがあります。

花粉症の予防に

ネトル	3	●●●
エルダーフラワー	3	●●●
ペパーミント	2	●●
ユーカリ	1	●
タイム	1	●

memo
花粉症のつらい症状をやわらげるブレンドティー。エルダーフラワーのお茶は、カゼのひきはじめにも効果があり、うがい薬としても使ってみるとよいでしょう。ユーカリの液も抗菌効果があり、濃くいれたお茶の蒸気を鼻から吸い込むと鼻炎の症状が楽になります。

カゼをひきやすい

1

ジンジャー	2	●●
シナモン	3	●●●
エルダーフラワー	1	●
リンデン	1	●
ローズヒップ	3	●●●

memo
体を温めるジンジャーやシナモンに、ヨーロッパで古くからカゼの特効薬として用いられてきたエルダーフラワーをブレンドしたお茶です。ビタミンCをたくさん含むローズヒップも加えていますので、カゼの予防のためにもよいブレンドです。

2

ジャーマンカモミール	5	●●●●●
レモンバーム	2	●●
エキナセア	1	●
ローズヒップ	3	●●●

memo
鎮静作用とリラックス効果のあるジャーマンカモミールに、免疫効果の高いエキナセアをブレンドしたレシピです。アレルギー性鼻炎や花粉症にもよい働きがあります。ローズヒップを加えることでビタミンやさわやかな酸味も補っています。

アレルギー性皮膚炎などに

ネトル	3	●●●
エルダーフラワー	3	●●●
ジャーマンカモミール	2	●●
レモンバーム	2	●●

memo

このブレンドをお茶として飲むことに加えて、エルダーフラワーティーを化粧水として用いたり、洗顔に用いたりすることもよいといわれます。ネトルには、浄血作用があるといわれ、アレルギーを体の中から改善できる効果も期待できそう。

貧血、立ちくらみがする人に

ネトル	2	●●
ラズベリーリーフ	3	●●●
ローズヒップ	3	●●●
レモングラス	2	●●

memo

鉄分を豊富に含むネトルや、増血作用、肝機能の強化に役立つといわれるラズベリーリーフのブレンドティーです。女性には特におすすめしたいレシピといわれています。月経時の貧血にもよいでしょう。

二日酔いの朝に

ハイビスカス	3	●●●
ローズヒップ	3	●●●
ラズベリーリーフ	2	●●
レモングラス	3	●●●

memo

酸味とさわやかな香りのお茶で、二日酔いの症状をやわらげてくれるお茶です。二日酔い以外に、胃腸に軽い不快感があるときにもおすすめです。このお茶とあわせて、水分をたくさんとってアルコールを排出することを心がけましょう。

顔や上半身がほてる

ペパーミント	5	●●●●●
ユーカリ	2	●●
ラベンダー	1	●
ジャーマンカモミール	2	●●

memo

ほてりを除くために、鎮静作用のあるハーブをブレンドしたお茶を試してみましょう。
更年期特有の体のほてりには、ジャーマンカモミールとセントジョーンズワートのブレンドも効果大です。

ハーブティーをもっと身近に、もっと親しんで、もっと活用する

ハーブティーは、もちろん飲んで、味や香りを楽しみ、効果を実感するもの。
でも、実はハーブのエキスがじんわり、ぎゅっと抽出された液だから、
飲む以外にいろんなことに活用できるのです。
では、体によくて香りのよいハーブティーをどんなふうに活用するのかを紹介します。

うがい薬やマウスウォッシュに

濃くいれて（熱湯で10分程度）、冷ましたハーブティーは、うがい薬やマウスウォッシュとして活用できるものがあります。特に殺菌効果の高いユーカリなどはその代表例。ミントティーも同様です。

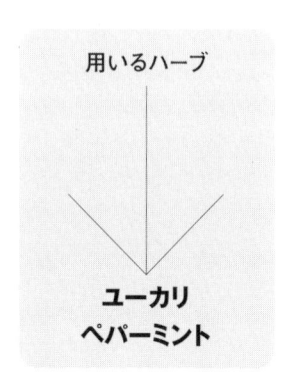

用いるハーブ
ユーカリ
ペパーミント

ヘアケアに

同じく濃くいれて冷ましたハーブティーか、入浴時に洗面器などに湯を入れ、ドライハーブを入れた液をヘアリンスとして使います。特にネトルの浸出液をリンスにして使うと、ふけが出にくくなり、髪につやを与えます。全体の10分の1量くらいの酢を加えると、さらに効果が。

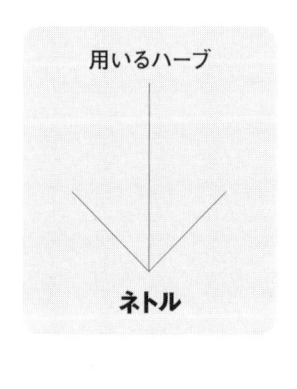

用いるハーブ
ネトル

化粧水、ボディーローション

濃くいれて冷ましたハーブティーをそのままか、エタノールなどとまぜて化粧水を作ります。かなり多くのハーブが化粧水として使われます。特にエルダーフラワーの化粧水は美肌のもととして知られていますし、マリーゴールドの化粧水は日やけ後によいといわれます。ひどい日やけをしてしまったら、マリーゴールドの抽出液に浸したガーゼで湿布をするとよいといわれます。

また、ラベンダーなどは脂性肌によく、ジャーマンカモミールは乾燥肌に向くというふうに、すっきり型、保湿型のハーブを間違えて使わないように。

用いるハーブ
↓
エルダーフラワー
マリーゴールド
ローズほか多数

染色

濃くいれて冷ましたハーブティーで糸や布を染めることができます。この場合、布や糸をドライハーブといっしょに10分以上煮込まないと染まりませんし、色止めをする必要もあります。煮込んだハーブをしばらくおいてなじませたあともう一度水に浸し、酢を数滴たらした水をくぐらせて乾かすのがいちばん簡単な方法です。自然なやさしい色合いに染まるので、案外、愛好者も多いのです。

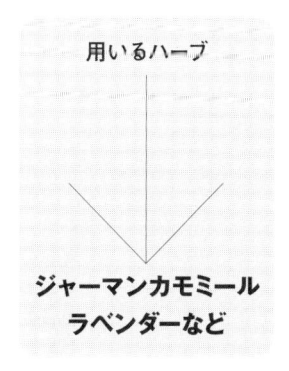

用いるハーブ
↓
ジャーマンカモミール
ラベンダーなど

ハーブティーをいれるための
小道具についての基礎知識

ハーブティーのいれ方は、いたって簡単。ふつうのティーポットを使い、熱湯でいれればよいので、道具も手持ちのティーポットや器があればOKです。とはいえ、ハーブティーをもっと楽しむための道具選びのポイントもいくつかあります。ここでは、具体的なアイテムをあげて、その特徴を説明します。

ポットはガラス製のものがおすすめ

ほかのお茶と違い、ハーブティーはハーブの形状やあざやかなお茶の色を目で見て楽しんだり、確認するのが重要なプロセス。だからポットは断然、ガラス製をおすすめです。耐熱ガラス製のティーポットで茶こしつきのものか、お気に入りのポットに、茶こしをつけてもよし。

茶こしはできるだけ目のこまかいものを

ハーブティーをいれる際に、案外気になるのがハーブのこまかい粉。できるだけ目のこまかい茶こしを用意して、ていねいにこすと、きれいに澄んだお茶の色が楽しめます。もちろんお茶用のものでOK。茶こしが内蔵されたポットでいれるときにも、もう一度茶こしを通すと、ベター。

ドライハーブは、当然湿気を嫌います

お茶などと同様、ドライハーブも保存する際に湿気を避ける必要があります。何種類かをブレンドして楽しむハーブティーの場合、複数のハーブを常備しておくことになるので、ガラスの小びんに入れて保存しておくと、中身が見えてわかりやすくてよいでしょう。ちょっとしたインテリアのアクセントにもなりそうですね。

茶こしつきカップが便利

仕事中などに、ハーブティーを飲みたいというときに便利なアイテム。もちろんお茶にも使えます。ハーブテイーの中には、粒子のこまかいものもあるので、茶こしの目がこまかいものを選びましょう。

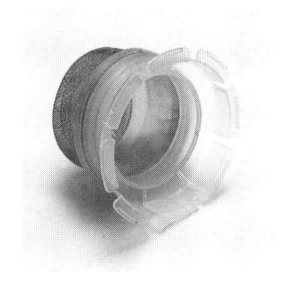

先のギザギザしたスプーンが重宝です

ハーブの中には、少しつぶしたほうがエキスが出やすいものや、割って中身を出したほうがよいものがあります。そんなときに重宝なのが平たく、先にギザギザがついているかき氷用のスプーンです。ジュニパーベリーやローズヒップを軽くつぶしたり、カルダモンの外皮を割ったりするのに、とっても便利です。

おすすめのハーブショップ＆ハーブガーデンリスト

ボタニカルズ・ショップ　http://www.botanicals.co.jp

本書に掲載されているハーブを扱っている「ボタニカルズ」のショップです。全国の有名デパートの中にあり、良質のワイルドハーブだけを常時100種類以上扱っています。独自のブレンドティーもたくさんそろっていますので、気軽にスタッフに相談してみるとよいでしょう。電話での通信販売も受け付けています。

東京23区

●大丸東京店
（大丸東京店7F）
☎03-3212-8011（代表）

●アトレ上野店
（アトレ上野No.50701F）
☎03-5826-5865

●アトレ恵比寿店
（アトレ恵比寿4F）
☎03-5475-8444

●東武百貨店池袋店
（東武百貨店池袋6F）
☎03-3981-2211（代表）

●渋谷ロフト店
（渋谷ロフト1F）
☎03-3462-0111（代表）

●ボタニカルケア銀座店
（銀座グランディアビル8F）
☎03-5537-6530

関東・中部

●新百合ヶ丘OPA店
（新百合ヶ丘オーパ2F）
☎044-965-8308

●東武百貨店船橋店
（東武百貨店船橋店B1F）
☎047-425-2211（代表）

●大宮ロフト店
（大宮ロフト1F）
☎048-631-0722

●遠鉄百貨店浜松店
（遠鉄百貨店浜松店7F）
☎053-457-5589

東北

●十字屋仙台店
（十字屋仙台店1F）
☎022-266-4321（代表）

関西

●高島屋京都店
（高島屋京都店6F）
☎075-221-8811（代表）

●高島屋大阪店
（高島屋大阪店6F）
☎06-6631-1140

●大丸大阪梅田店
（大丸大阪梅田店12F）
☎06-4797-0032

●大丸神戸店
（大丸神戸店B2F）
☎078-393-0580

サラ・ミッダ売場

●三越日本橋本店
（三越日本橋本店5Fサラ・ミッダ売場内）
☎03-3241-3311（代表）

●三越池袋店
（三越池袋6Fサラ・ミッダ売場内）
☎03-3987-1111（代表）

●三越横浜店
（三越横浜4Fサラ・ミッダ売場内）
☎045-312-1111（代表）

◆ボタニカルズ
ハーバルトレーニングスクール
☎03-5226-0521
◆ボタニカルズ通信販売
☎0120-184802
（平日9時～18時）

全国にあるハーブ店リスト

全国にある、良質のハーブとハーブティーのショップです。おいしいレシピや、体に合うハーブティーのブレンドについて相談してみましょう。

ハーブコレクションミント
岩手県盛岡市月が丘3-45-1
☎0196-41-6580

ハーブショップ三春
埼玉県入間郡大井町亀久保東久保326大井サティ2F
☎0492-63-8561

ブリスティア広尾
東京都港区南麻布4-5-25
広尾アーバン1F
☎03-5793-3885

カリス成城
東京都世田谷区成城6-15-15
☎03-3483-1960

ロザヴィータ
東京都渋谷区道玄坂1-12-5
渋谷マークシティ ウエスト1F
☎03-5459-3344

**グリーンフラスコ
自由が丘店**
東京都目黒区自由が丘2-3-12
サンクスネイチャー2F
☎03-5729-4682

牛活の木原宿店
東京都渋谷区神宮前6-3-8
☎03-3409-1781

ティーブティックスタジオM3
神奈川県横須賀市本町2-1-12
ショッパーズプラザ3F
☎0468-21-2274

アールグレイ
神奈川県茅ヶ崎市新栄町1-25
☎0467-82-6185

蓼科ハーバルノート・シンプルズ
長野県茅野市豊平10284
☎0266-76-2182

ハーブアベニュー
新潟県新潟市西堀通六番町
NEXT21ラフォーレ原宿新潟5F
☎025-223-0232

グレースハウス北山
京都市北区紫野西蓮台野町43-1
☎075-493-8002

フラックス
岡山県岡山市山崎328-11
☎086-276-8548

全国にあるハーブガーデンリスト

ハーブティーを飲むだけでなく、風にそよぐハーブを見てふれて楽しむことのできるハーブ園に出かけてみませんか。
おすすめのハーブ園、ハーブガーデンをご紹介します。もちろんオリジナルハーブティーや、ハーブ関連のグッズも充実しています。

ファーム富田
北海道空知郡中富良野町北星
☎0167-39-3939

ハーブワールドAKITA
秋田県由利郡西目町
沼田字新道下490-5
☎0184-33-4150

田沢湖ハーブガーデン
秋田県仙北郡田沢湖町
田沢字潟前78
☎0187-43-2424

**三春ファーム
ハーブガーデン**
福島県田村郡三春町
大字斉藤字仁井道126
☎024-942-7939

ハーブハーモニーガーデン
茨城県水海道市大塚町519
☎0297-27-0461

ハーブアイランド
千葉県夷隅郡大多喜町小土呂255
☎0470-82-2789

ハーブガーデンポケット
千葉県銚子市笠上町7005
☎0479-25-3000

松田山ハーブガーデン
神奈川県足柄上郡松田町
松田惣領2951
☎0465-85-1177

河口湖ハーブ館
山梨県南都留郡河口湖町
船津6713-18
☎0555-72-3082

日野春ハーブガーデン
山梨県北巨摩郡長坂町日野2910
☎0551-32-2970

池田町ハーブセンター
長野県北安曇郡池田町大字
会染6330-1
☎0261-62-6200

**アカオハーブ＆
ローズガーデン**
静岡県熱海市上曽我1024-1
☎0557-82-1221

熱川ハーブテラス
静岡県賀茂郡東伊豆町奈良本276
☎0557-23-1246

浜名湖グリーンファーム
静岡県浜松市呉松町3298-288
☎053-487-0234

神戸市立布引ハーブ園
兵庫県神戸市中央区
葺合町字山郡1-319
☎078-271-1131

香寺ハーブガーデン
兵庫県神崎郡香寺町矢田部689-1
☎0792-23-7316

ひるぜんハーブガーデン
岡山県真庭郡川上村
西茅部1480-64
☎0867-66-4533

山茶花高原ハーブ園
長崎県北高来郡小長井町
遠竹名山茶花2867-7
☎0957-34-1333

湯布院ハーブワールド
大分県大分郡湯布院町
大字川上佐土原
☎0977-85-4656

ナゴパラダイス
沖縄県名護市字幸喜1777
☎0980-52-6262

173

ハーブ索引

五十音順

ア
アイブライト……099
アニスシード……156
アルファルファ……108
アンゼリカ……107
イエロードック……148
イブニングプリムローズ……154
ウバ……146
エキナセア……088
エリカ……152
エルキャンペーン……109
エルダーフラワー……032
オートムギ……131
オリーブ……157
オレガノ……100
オレンジピール……034

カ
カルダモン……110
ギムネマ……125
キャットニップ……147
キャラウェイ……112
ギンコウ……145
クローブ……113
ゴールデンシール……156
コーンフラワー……158
ゴツコーラ……140
コリアンダー……159
コンフリー……155

サ
サフラワー……158
サマーセボリー……118
シナモン……114
シベリアンジンセング……101
ジャーマンカモミール……036
ジャスミン……155
ジュニパーベリー……103
ジンジャー……116
スイートクローバー……102
スカルキャップ……133
スターアニス……117
スペアミント……038
セージ……040

セルピルム……122
セロリシード……137
セントジョーンズワート……098
ソーパルメット……104

タ
タイム……090
タラゴン……159
ダンディライオン……042
チェストツリー……106
チコリ……129
チャービル……159
チャイブ……149
チリ……144
ディル……141

ナ
ネトル……044

ハ
バードック……105
バーベリー……128
ハイビスカス……046
バジル……092
パッションフラワー……048
パパイヤリーフ……127
バレリアン……138
ヒソップ……134
ビルベリー……132
フィーバーフュー……130
フェヌグリーク……155
フェンネル……050
ブラックコホシュ……154
ブルーバーベイン……143
ペニーロイヤル……157
ペパーミント……052
ホーステール……158
ホーソーン……154
ホップ……126
ボリジ……153

マ
マジョラム……054
マテ……123

マリーゴールド……056
マレイン……124
マロウ……058
ミルクシスル……157
メドウスイート……155

ヤ
ヤロウ……094
ユーカリ……060

ラ
ラズベリーリーフ……062
ラベンダー……064
リコリス……096
リンデン……068
レッドクローバー……142
レディスマントル……156
レモングラス……070
レモンバーベナ……072
レモンバーム……074
ローズヒップ……078
ローズマリー……080
ローズレッド……076

ワ
ワームウッド……136
ワイルドストロベリー……082
ワイルドチェリー……150
ワイルドヤム……151

アルファベット順

A
ALFALFA··················108
ANGELICA················107
ANISEED·················156

B
BARBERRY················128
BASIL···················092
BILBERRY················132
BLACK COHOSH···········154
BLUE VERVAIN············143
BORAGE··················153
BURDOCK················105

C
CARAWAY·················112
CARDAMON···············110
CATNIP··················147
CELERY SEEDS···········137
CHASTE TREE············106
CHERVIL·················159
CHICORY·················129
CHILI···················144
CHIVES··················149
CINNAMON···············114
CLOVE···················113
COMFREY················155
CORIANDER··············159
CORNFLOWER·············158

D
DANDELION···············042
DILL····················141

E
ECHINACEA···············088
ELDER FLOWER···········032
ELECAMPANE·············109
ERICA···················152
EUCALYPTUS·············060
EVENING PRIMROSE······154
EYEBRIGHT···············099

F
FENNEL··················050
FENUGREEK···············155
FEVERFEW···············130

G
GERMAN CHAMOMILE······036
GINGER··················116
GINKGO··················145
GOLDENSEAL············156
GOTU KOLA··············140
GYMNEMA················125

H
HAWTHORN···············154
HIBISCUS···············046
HOPS····················126
HORSETAIL··············158
HYSSOP··················134

J
JASMINE·················155
JUNIPER BERRIES·········103

L
LADY'S MANTLE··········156
LAVENDER···············064
LEMON BALM·············074
LEMON GRASS············070
LEMON VERBENA·········072
LINDEN··················068
LIQUORICE···············096

M
MALLOW··················058
MARIGOLD···············056
MARJORAM···············054
MATE····················123
MEADOWSWEET··········155
MILK THISTLE············157
MULLEIN·················124

N
NETTLE··················044

O
OAT·····················131
OLIVE···················157
ORANGE PEEL············034
OREGANO················100

P
PAPAYA LEAVES··········127
PASSIONFLOWER·········048
PENNYROYAL············157
PEPPERMINT·············052

R
RASPBERRY LEAVES······062
RED CLOVER·············142
ROSE HIP················078
ROSE RED···············076
ROSEMARY···············080

S
SAGE····················040
SAFFLOWER··············158
SAW PALMETTO··········104
SERPYLLUM··············122
SIBERIAN GINSENG······101
SKULLCAP···············133
SPEARMINT··············038
ST. JOHN'S WORT········098
STAR ANISE··············117
SUMMER SAVORY·········118
SWEET CLOVER··········102

T
TARRAGON···············159
THYME··················090

U
UVA·····················146

V
VALERIAN···············100

W
WILD CHERRY············150
WILD STRAWBERRY······082
WILD YAM···············151
WORMWOOD·············136

Y
YARROW·················094
YELLOW DOCK···········148

監修
板倉弘重
茨城キリスト教大学教授、医学博士、国立健康・栄養研究所名誉所員。1936年東京生まれ。東京大学医学部卒業。日本ハーブ振興協会理事、御成門クリニック院長。著書に『「ハーブ青汁」で更年期障害を克服!!』『抗酸化食品が体を守る』など多数。万病の原因となる「活性酸素」研究の第一人者。

構成・制作	有限会社ウィンウィン
	食や旅をテーマにした制作集団。特に世界中のお茶、ハーブに関する制作・著作が多く、お茶やハーブティーの商品開発・イベント企画なども手がける。
取材執筆	大森夕香
	徳丸良江
	守澤　良
装丁・本文	熊谷智子
撮影	早川利道（主婦の友社）
	松本幸夫
担当	金沢美由妃（主婦の友社）

協力
株式会社コネクト（ボタニカルズ）
NPO法人　日本ハーブ振興協会　TEL 03-3351-1291
　　　　　　　　　　　　　　　　FAX03-3351-1299

からだに効くハーブティー図鑑

監　修／板倉弘重
発行者／村松邦彦
発行所／株式会社主婦の友社
　　　　郵便番号101-8911
　　　　東京都千代田区神田駿河台2-9
　　　　電話　03-5280-7537（編集）
　　　　電話　03-5280-7551（販売）
印刷所／凸版印刷株式会社

もし落丁、乱丁、その他不良の品がありましたら、おとりかえいたします。
お買い求めの書店か、主婦の友社資材刊行課（電話03-5280-7590）へお申しいてください。

©SHUFUNOTOMO CO.,LTD. 2003 Printed in Japan ISBN4-07-236369-3
Ⓡ本書の全部または一部を無断で複写（コピー）することは、著作権法上での例外を除き、禁じられています。
本書からの複写を希望される場合は、日本複写権センター（電話03-3401-2382）にご連絡ください。
き－042008